개념 연결 연산의 발견

10권

초등
5학년

연산을 새롭게 발견하다!

잘못된 연산 학습이 아이를 망친다

　아이의 수학 공부 때문에 골치 아파하는 초등 부모님을 많이 만났습니다. "이러다 '수포자'가 되면 어떡하나요?" 하고 물어 오는 부모님을 만날 때마다 수학의 본질이 무엇인지, 장차 우리 아이들이 초등 시절을 지나 중·고등학생이 되었을 때 수학 공부가 재미있고 고통이지 않으려면 어떻게 해야 하는지, 근본적인 고민을 반복했습니다. 30여 년 중·고등학교에서 수학을 가르치며 아이들에게 초등수학 개념이 많이 부족함을 느꼈고, 초등학교 때의 결손이 중·고등학교를 거치며 눈덩이처럼 커지는 것을 목도했습니다. 아이러니하게도 중·고등학교 현장을 떠난 후에야 초등수학을 제대로 공부할 기회가 생겼고, 학생들의 수학 공부법을 비로소 정립할 수 있어 정말 행복했습니다. 그러나 기쁨도 잠시, 초등 부모님들의 고민은 수학의 본질이 아니라 눈앞의 점수라는 사실을 알게 되었습니다. 결국 연산이었지요. 연산이 수학의 기초임은 두말할 나위 없는 사실인데, 오히려 수학 공부에 장해가 될 줄은 꿈에도 생각지 못했습니다. 초등수학 교과서를 독파하고도 깨닫지 못한 현실을 시중에 유행하는 연산 학습법이 알려주었습니다. 교과서는 연산의 정확성과 다양성을 추구합니다. 그리고 이것이 연산 학습의 본질입니다. 그런데 시중의 연산 학습지 대부분은 정확성과 다양성보다 빠른 계산 속도와 무지막지한 암기를 유도합니다. 그리고 상당수 부모님이 이것을 받아들여 아이들을 속도와 암기에 몰아넣습니다.

좌절감과 열등감을 낳는 연산 학습

　속도와 암기는 점수를 높여줄 수 있다는 장점을 갖지만, 그보다 많은 부작용을 안고 있습니다. 빠른 계산 속도에 대한 집착은 아이에게 좌절감과 열등감을 줍니다. 본인의 계산 속도라는 것이 있는데 이를 무시하고 가장 빠른 아이의 속도에 맞추기만 하면 무한의 속도 경쟁에서 실패자가 되기 쉽습니다. 자기 속도에 맞지 않으면 자기주도가 될 수 없으니 타율 학습이 됩니다. 한쪽으로 자기주도학습을 강조하면서 연산 학습에서는 타율 학습을 강요하면 아이들의 '자기주도'는 점점 멀어질 수밖에 없습니다. 또 무조건적인 암기는 이해를 동반하지 않으므로 아이들이 수학을 암기 과목으로 여기게 만들고, 이 때문에 많은 아이가 중·고등학교에 올라가 수학을 싫어하게 됩니다. 아이들은 연산 공부와 여타의 수학 공부를 달리 보지 못합니다. 연산을 공부할 때처럼 모든 수학 공부를 무조건적인 암기와 빠른 시간 안에 답을 맞혀야 한다고 생각합니다. 이러한 생각은 중·고등학교를 넘어 평생 갑니다. 그래서 성인이 된 뒤에도 자신의 자녀들에게 이런 식의 연산 학습을 시키는 데 주저하지 않게 됩니다.

수학이 좋아지는 연산 학습을 개발하다

　이 두 가지 부작용을 해결하기 위해 많은 부모님을 설득했지만 대안이 없었습니다. 부모님 스스로 해결하는 경우가 드물었습니다. 갈수록 피해가 커지는 현상을 막아야겠다고 결심했습니다. 그래서 현직 초등 교사들과 의논하고 이들을 설득해 초등 연산 학습을 정리하고 그 결과를 책으로 내게 되었습니다. 교사들이 나서서 연산 학습을 주도한다는 비난을 극복하고 연산을 새롭게 발견하는 기회를 제공해야 한다는 일념으로 이 책을 만들었습니다. 우리 아이가 처음으로 접하는 수학인 연산은 즐거워야 합니다. 아이를 사랑하는 마음으로 제대로 된 연산 문제집을 만들어보자고 했을 때 흔쾌히 따라준 개념연산팀 선생님들에게 감사드립니다. 지난 4년여 동안 휴일과 방학을 반납하고 학생들의 연산 학습 실태 조사, 회의와 세미나, 집필 등에 온 힘을 쏟아주셨습니다. 그리고 먼저 문제를 풀어보고 다양한 의견을 주신 박재원 소장님과 부모님들께 감사의 말씀을 전합니다.

전국수학교사모임 개념연산팀을 대표하여

최수일 씀

연산의 발견은 이런 책입니다!

❶ 개념의 연결을 통해 연산을 정복한다

기존 문제집들이 문제 풀이 중심인 반면, 『개념연결 연산의 발견』은 관련 개념의 연결과 핵심적인 개념 설명으로 시작합니다. 해당 문제가 이해되지 않으면 전 단계의 문제를 다시 풀고, 확장된 내용이 궁금하면 다음 단계 개념에 해당하는 문제를 바로 풀어볼 수 있는 장치입니다. 스스로 부족한 부분이 어디인지 쉽게 발견하여 자기주도적으로 복습 혹은 예습을 할 수 있습니다. 개념연결을 통해 고학년이 되어서도 결코 무너지지 않는 수학의 기초 체력을 키울 수 있습니다. 연산을 구조화시켜 생각하게 만드는 개념연결은 1~6학년 연산 개념연결 지도를 통해 한눈에 확인할 수 있습니다. 연산을 공부할 때부터 개념의 연결을 경험하면 수학 전체를 공부할 때도 개념을 연결하는 습관을 가질 수 있습니다.

❷ 현직 교사들이 집필한 최초의 연산 문제집

시중의 문제집들과 달리, 30여 년간 수학교사로 근무하고 수학교육의 혁신을 위해 시민단체에서 활동하고 있는 최수일 박사를 팀장으로, 수학교육 석·박사급 현직 교사들이 중심이 되어 집필한 최초의 연산 문제집입니다. 교육 경험이 도합 80년 이상 되는 현직 교사들의 현장감과 전문성을 살려 문제를 풀며 저절로 개념을 연결시키는 연산 프로그램을 만들었습니다. '빨리 그리고 많이'가 아닌 '제대로 그리고 최소한'으로 최대의 효과를 얻고자 했습니다. 내용의 업그레이드 뿐 아니라 형식에서도 현직 교사들의 경험을 반영해 세세한 부분까지 기존 문제집의 부족한 부분을 개선했습니다. 눈의 피로와 지우개질까지 생각해 연한 미색의 질긴 종이를 사용한 것이 좋은 예가 될 것입니다.

❸ 설명하지 못하면 모르는 것이다 −선생님놀이

아이들은 연산에서 실수가 잦습니다. 반복된 연산 훈련으로 개념을 이해하지 못하고 유형별, 기계적으로 문제를 마주하기 때문입니다. 연산 실수는 훈련으로 극복되기도 하지만 이는 근본적인 해법이 아닙니다. 답이 맞으면 대개 이해했다고 생각하며 넘어가는데, 조금 지나면 도로 아미타불인 경우가 많습니다. 답이 맞았다고 해도 풀이 과정을 말로 설명하지 못하면 개념을 이해하지 못한 것입니다. 그래서 아이가 부모님이나 친구 등에게 설명을 하는 문제를 실었습니다. 아이의 설명을 잘 들어보고 답지의 해설과 대조해보면 아이가 문제를 얼마만큼 이해했는지 알 수 있습니다.

❹ 문제를 직접 써보는 것이 중요하다 −필산 문제

개념을 완벽하게 이해하기 위해 손으로 직접 써보는 문제를 배치했습니다. 필산은 계산의 경로가 기록되기 때문에 실수를 줄여주며 논리적 사고력을 키워줍니다. 빈칸 채우는 문제를 아무리 많이 풀어도 직접 식을 써보지 않으면 연산 학습에서 큰 효과를 기대하기 어렵습니다. 요즘 아이들은 숫자를 바르게 써서 하나의 식을 완성하는 데 어려움을 겪는 경우가 많습니다. 연산 학습은 하나의 식을 제대로 써보는 것이 그 시작입니다. 말로 설명하고 손으로 기록하면 개념을 완벽하게 이해할 수 있습니다.

❺ '빠르게'가 아니라 '정확하게'!

초등에서의 연산력은 중학교 이상의 수학을 공부하는 데 기초가 됩니다. 중·고등학교 수학은 복잡한 연산을 요구하지 않습니다. 주어진 문제를 이해하여 식을 쓰고 차근차근 해결해나가는 문제해결능력이 더 중요합니다. 초등학교 때부터 문제를 빨리 푸는 것보다 한 문제라도 정확하게 정리하고 풀이 과정이 잘 드러나도록 식을 써서 해결하는 습관이 중·고등학교에 가서 수학을 잘하는 비결입니다. 우리 책에서는 충분히 생각하면서 문제를 풀도록 시간에 제한을 두지 않았습니다. 속도는 목표가 될 수 없습니다. 이해가 되면 속도는 자연히 따라붙습니다.

❻ 학생의 인지 발달에 맞는 문제 분량

연산은 아이가 처음 접하는 수학입니다. 수학은 반복적으로 훈련하는 것이 아니라 생각의 힘을 키우는 학문입니다. 과도하게 많은 문제를 풀면 수학에 대한 잘못된 선입관을 갖게 되어 수학 과목 자체가 싫어질 수 있습니다. 우리 책에서는 아이들의 발달 단계에 따라 개념이 완전히 내 것이 될 수 있도록 학년별로 적절한 수의 문제를 배치해 '최소한'으로 '최대한'의 효과를 낼 수 있도록 했습니다.

❼ 문제 중간 튀어나오는 돌발 문제

한 단원 내에서 똑같은 유형의 문제가 반복적으로 나오면 생각하지 않고 기계적으로 문제를 풀게 됩니다. 연산을 어느 정도 익히면 자동화되는 경향이 있기 때문입니다. 이런 경우 실수가 생기고, 답이 맞을 수는 있지만 완전히 아는 것이 아닐 수 있습니다. 우리 책에는 중간중간 출몰하는 엉뚱한 돌발 문제로 생각의 끈을 놓을 수 없는 장치를 마련해두었습니다. 어떤 문제를 맞닥뜨려도 해결해나가는 힘을 기를 수 있습니다.

❽ 일상의 수학을 강조하다 -문장제

뇌과학적으로 우리의 기억은 일상에 활용할만한 가치가 있는 것을 저장하고, 자기연관성이 있으면 감정을 이입하여 그 기억을 오래 저장한다고 합니다. 우리 책은 일상에서 벌어지는 다양한 상황을 문제로 제시합니다. 창의력과 문제해결능력을 향상시켜 계산이 전부가 아니라 수학적으로 생각하는 힘을 키워줍니다.

10권

초등
5학년

차례

교과서에서는?

2단원 분수의 곱셈

분수의 곱셈은 (분수)×(분수), (분수)×(자연수), (자연수)×(분수)의 경우를 모두 다룹니다. 이전에 배운 가분수를 대분수로, 대분수를 가분수로 나타내는 방법도 이용해요. 분수의 곱셈은 그림(분수막대, 모눈종이 등)으로 나타내어 생각하면 원리를 쉽게 이해할 수 있어요.

교과서에서는?

4단원 소수의 곱셈

소수의 곱셈은 자연수의 곱셈과 계산 원리 및 방법이 같아요. 소수를 분수로 나타내어 분수의 곱셈을 이용할 수도 있고, 자연수의 곱셈처럼 세로셈을 이용하여 계산할 수도 있어요. 소수의 곱셈에서 소수점의 위치가 어떻게 변하는지를 잘 살피며 공부해요.

 10권에서는 무엇을 배우나요

수의 범위를 나타내는 이상, 이하, 미만, 초과를 공부합니다. 또 대강의 수를 어림하는 방법을 올림, 버림, 반올림을 이용하여 공부합니다. 연산에서는 지금까지 공부한 분수와 소수 그리고 곱셈을 기본으로 하여 분수의 곱셈과 소수의 곱셈 방법을 익힙니다. 소수의 곱셈은 분수의 곱셈을 이용하여 계산할 수 있습니다. 따라서 분수의 곱셈과 소수의 곱셈을 함께 연결하여 공부하면 좋습니다. 일상생활에서 여러 자료의 대표하는 값을 사용하기도 하는데, 이것을 평균이라고 합니다. 평균의 의미와 계산 방법에 대해서도 공부합니다.

교과서에서는?

1단원 수의 범위와 어림하기

수는 생활 곳곳에서 쓰입니다. 범위를 정하여 수를 나타내거나 대강의 수를 어림하여 생활에서 수를 편리하게 사용할 수 있어요. 이 단원에서는 수의 범위를 나타내는 방법과 실생활에서 활용하는 방법도 익힙니다.

교과서에서는?

6단원 평균과 가능성(평균)

여러 자료의 값을 하나의 대표적인 값으로 나타낼 때 '평균'을 이용할 수 있어요. 평균은 여러 자료를 똑같은 값으로 나타낸 거예요. (자료의 값의 합)÷(자료의 수)로 평균을 구할 수도 있어요. 이번 단원에서는 평균의 의미를 알고 주어진 자료의 평균을 구하는 방법을 익힙니다.

연산의 발견 · 사용 설명서

**나?
내 이름은
똑개!**

**똑똑한 개념연결,
똑개야!**

각 단계의 제목

새 교육과정의
교과서 진도와 맞추었어요.
학교에서 배운 것을 바로 복습하며
문제를 풀어봐요. 하루에 두 쪽씩
진도에 맞춰 문제를 풀다 보면
나도 연산왕!

개념연결

구체적인 문제와 문제의 연결로 이루어져 있어요.
실수가 잦거나 헷갈리는 문제가 있다면
전 단계의 개념을 완전히 이해 못한 것이에요.
자기주도적으로 복습 혹은 예습을 할 수 있게 도와줍니다.

배운 것을 기억해 볼까요?

이전에 학습한 내용을 알고 있는지
확인해보는 선수 학습이에요.
개념연결과 짝을 이뤄 학습 결손이
생기지 않도록 만든 장치랍니다.
배웠다고 넘어가지 말고 어떻게 현 단계와
연결되는지 생각하면서 문제를 풀어보세요.

30초 개념

교과서에 나와 있는 개념 설명을 핵심만 추려
정리했어요. 해당 내용의 주제나 정리를
제목으로 크게 넣었어요. 제목만 큰 소리로 읽어봐도
개념을 이해하는 데 도움이 될 거예요.
그 아래에는 자세한 개념 설명과 풀이 방법을 넣었어요.

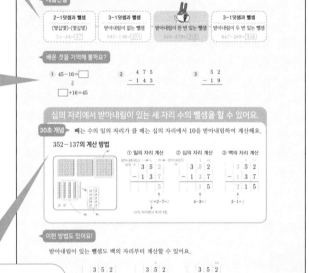

수학은 주어진 문제를 이해하고 차근히 해결해나가는 것이
중요해요. 그래서 시간제한이 없는 대신
본인의 성취를 별☆로 표시하도록 했어요.
80% 이상 문제를 맞혔을 경우 다음 페이지로(별 4~5개),
그 이하인 경우 개념 설명을 다시 읽어보도록 해요.
완전히 이해가 되면 속도는 자연히 따라붙어요.

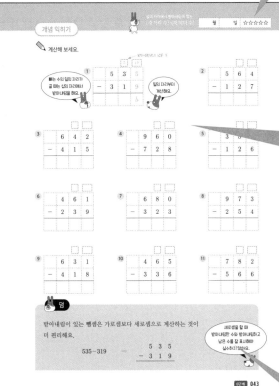

개념 익히기

30초 개념에서 다루었던 개념이
그대로 적용된 필수 문제예요.
똑개의 친절한 설명을 따라
문제를 풀다 보면 연산의 기본자세를
잡을 수 있어요.

덤

선생님들의 꿀팁이에요.
교육 현장에서 학생들이
자주 실수하거나
헷갈리는 문제에 대해
짤막하게 설명해줘요.

이런 방법도 있어요!

문제를 푸는 방법이 하나만 있는 건 아니에요.
수학은 공식으로만 푸는 것이 아닌,
생각하는 학문이랍니다. 선생님들이 좀 더 쉽게
개념을 이해할 수 있는 방법이나 다르게
생각할 수 있는 방법들을 제시했어요.

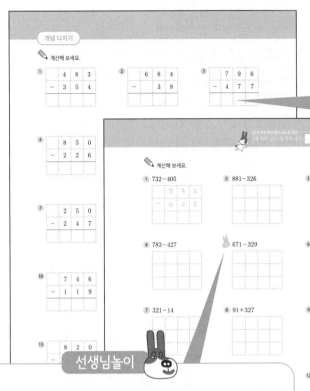

개념 다지기

계산해 보세요.

①	4 8 3
	− 3 5 4

②	6 8 4
	− 3 8

③	7 9 6
	− 4 7 7

④	8 5 0
	− 2 2 6

⑦	2 5 0
	− 2 4 7

⑩	7 4 6
	− 1 1 9

⑬	8 2 0

계산해 보세요.

① 732−405
② 881−326
③ 912−60

④ 783−427
671−329

⑦ 321−14
⑧ 91+327

개념 다지기

개념 익히기보다 약간 난이도가 높은
실전 문제들이에요. 특히 개념을 완벽하게
이해하도록 도와주는, 손으로 직접 쓰는
필산 문제가 들어 있어요. 필산을 하면
계산 경로가 기록되기 때문에 실수가 줄고
논리적 사고력이 길러져요.

돌발 문제

똑같은 유형의 문제가 반복되면
생각하지 않고 문제를 풀게 되지요. 하지만
문제 중간에 엉뚱한 돌발 문제가 출몰한다면
생각의 끈을 놓을 수 없을 거예요.
덤으로, 어떤 문제를 맞닥뜨려도 풀어낼 수 있는
힘을 얻게 된답니다.

선생님놀이

답이 맞았다고 해도 풀이 과정을 말로
설명하지 못하면 개념을 이해하지 못한 거예요.
부모님이나 친구에게 설명을 해보세요.
그리고 답지에 나와 있는 모범 해설과 대조해보면
내가 이 문제를 얼마만큼 이해했는지 알 수 있을 거예요.

개념 키우기

일상에서 벌어지는 다양한 상황이
서술형 문제로 나옵니다. 새 교육과정에서
문장제의 비중이 높아지고 있습니다.
문장제는 생활 속에서 일어나는 상황을
수학적으로 이해하고 식으로 써서
답을 내는 과정이 중요한 문제로,
수학적으로 생각하는 힘을 키워줘요.

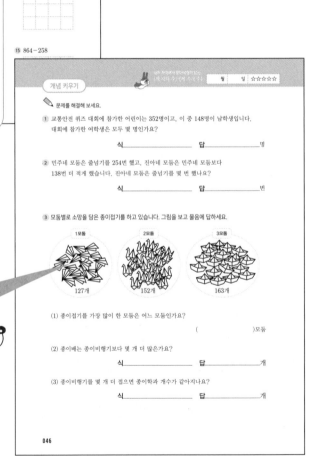

개념 키우기

문제를 해결해 보세요.

① 교통안전 퀴즈 대회에 참가한 어린이는 352명이고, 이 중 148명이 남학생입니다.
대회에 참가한 여학생은 모두 몇 명인가요?

식_____ 답_____명

② 민주네 모둠은 줄넘기를 254번 했고, 진아네 모둠은 민주네 모둠보다
138번 더 적게 했습니다. 진아네 모둠은 줄넘기를 몇 번 했나요?

식_____ 답_____번

③ 모둠별로 소망을 담은 종이접기를 하고 있습니다. 그림을 보고 물음에 답하세요.

1모둠 127개   2모둠 152개   3모둠 163개

(1) 종이접기를 가장 많이 한 모둠은 어느 모둠인가요?

(   )모둠

(2) 종이배는 종이비행기보다 몇 개 더 많은가요?

식_____ 답_____개

(3) 종이비행기를 몇 개 더 접으면 종이학과 개수가 같아지나요?

식_____ 답_____개

046

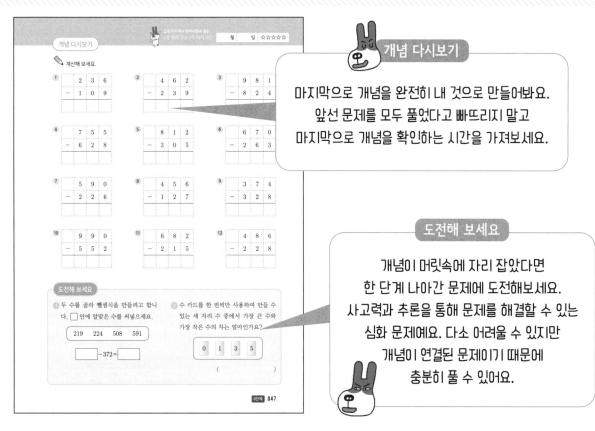

개념 다시보기

마지막으로 개념을 완전히 내 것으로 만들어봐요.
앞선 문제를 모두 풀었다고 빠뜨리지 말고
마지막으로 개념을 확인하는 시간을 가져보세요.

도전해 보세요

개념이 머릿속에 자리 잡았다면
한 단계 나아간 문제에 도전해보세요.
사고력과 추론을 통해 문제를 해결할 수 있는
심화 문제예요. 다소 어려울 수 있지만
개념이 연결된 문제이기 때문에
충분히 풀 수 있어요.

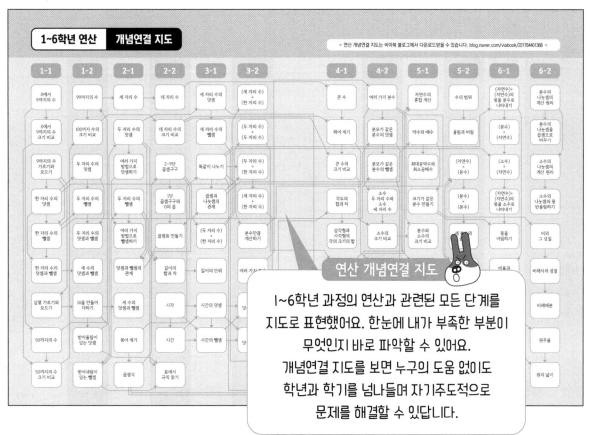

연산 개념연결 지도

1~6학년 과정의 연산과 관련된 모든 단계를
지도로 표현했어요. 한눈에 내가 부족한 부분이
무엇인지 바로 파악할 수 있어요.
개념연결 지도를 보면 누구의 도움 없이도
학년과 학기를 넘나들며 자기주도적으로
문제를 해결할 수 있답니다.

개념연결

3-2분수	5-1약분과 통분		5-2분수의 곱셈
가분수와 대분수의 관계	약분	(진분수)×(자연수)	(대분수)×(자연수)
$\dfrac{23}{6}=\boxed{3}\dfrac{\boxed{5}}{\boxed{6}}$	$\dfrac{2}{10}=\dfrac{\boxed{1}}{\boxed{5}}$	$\dfrac{5}{12}\times8=\boxed{3}\dfrac{\boxed{1}}{\boxed{3}}$	$1\dfrac{3}{4}\times3=\boxed{5}\dfrac{\boxed{1}}{\boxed{4}}$

배운 것을 기억해 볼까요?

1 (1) $\dfrac{25}{6}=\boxed{}\dfrac{\boxed{}}{\boxed{}}$ (2) $\dfrac{27}{4}=\boxed{}\dfrac{\boxed{}}{\boxed{}}$ **2** (1) $\dfrac{10}{15}=\dfrac{\boxed{}}{3}$ (2) $\dfrac{9}{36}=\dfrac{1}{\boxed{}}$

(진분수)×(자연수)를 할 수 있어요.

30초 개념   (진분수)×(자연수)는 진분수의 분모는 그대로 두고 분자와 자연수를 곱하여 계산해요.

$\dfrac{3}{4}\times6$의 계산

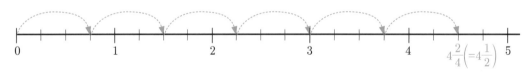

$$\frac{3}{4}\times6=\frac{3}{4}+\frac{3}{4}+\frac{3}{4}+\frac{3}{4}+\frac{3}{4}+\frac{3}{4}=\frac{18}{4}=4\frac{2}{4}=4\frac{1}{2}$$

이런 방법도 있어요!

계산하는 과정에서 분모와 자연수를 약분할 수 있어요.

① 분자와 자연수를 곱한 뒤 약분하여 계산하기

$$\frac{3}{4}\times6=\frac{3\times6}{4}=\frac{\overset{9}{\cancel{18}}}{\underset{2}{\cancel{4}}}=\frac{9}{2}=4\frac{1}{2}$$

② 분모와 자연수를 약분한 뒤 분자와 자연수를 곱하여 계산하기

$$\frac{3}{\underset{2}{\cancel{4}}}\times\overset{3}{\cancel{6}}=\frac{3\times3}{2}=\frac{9}{2}=4\frac{1}{2}$$

✏️ ☐ 안에 알맞은 수를 써넣으세요.

진분수의
분자와 자연수를 곱하고
약분해요.

① $\dfrac{2}{9} \times 6 = \dfrac{2 \times \boxed{}}{9} = \dfrac{12}{\boxed{\dfrac{9}{\boxed{}}}} = \dfrac{\boxed{}}{\boxed{}} = \boxed{}\dfrac{\boxed{}}{\boxed{}}$

② $\dfrac{3}{4} \times 14 = \dfrac{3 \times \boxed{}}{4} = \dfrac{42}{\boxed{\dfrac{4}{}}} = \dfrac{\boxed{}}{\boxed{}} = \boxed{}\dfrac{\boxed{}}{\boxed{}}$

③ $\dfrac{5}{6} \times 10 = \dfrac{5 \times \boxed{}}{6} = \dfrac{50}{\boxed{\dfrac{6}{\boxed{}}}} = \dfrac{\boxed{}}{\boxed{}} = \boxed{}\dfrac{\boxed{}}{\boxed{}}$

④ $\dfrac{2}{21} \times 7 = \dfrac{2 \times \boxed{}}{21} = \dfrac{14}{\boxed{\dfrac{21}{\boxed{}}}} = \dfrac{\boxed{}}{\boxed{}}$

⑤ $\dfrac{5}{12} \times 8 = \dfrac{5 \times \boxed{}}{12} = \dfrac{40}{\boxed{\dfrac{12}{\boxed{}}}} = \dfrac{\boxed{}}{\boxed{}} = \boxed{}\dfrac{\boxed{}}{\boxed{}}$

진분수의
분모와 자연수를 약분하고
계산해요.

⑥ $\dfrac{4}{15} \times 10 = \dfrac{4 \times \boxed{}}{\boxed{\dfrac{15}{\boxed{}}}} = \dfrac{\boxed{}}{\boxed{}} = \boxed{}\dfrac{\boxed{}}{\boxed{}}$

⑦ $\dfrac{7}{8} \times 4 = \dfrac{7 \times \boxed{}}{\boxed{\dfrac{8}{\boxed{}}}} = \dfrac{\boxed{}}{\boxed{}} = \boxed{}\dfrac{\boxed{}}{\boxed{}}$

⑧ $\dfrac{11}{12} \times 16 = \dfrac{11 \times \boxed{}}{\boxed{\dfrac{12}{\boxed{}}}} = \dfrac{\boxed{}}{\boxed{}} = \boxed{}\dfrac{\boxed{}}{\boxed{}}$

⑨ $\dfrac{13}{18} \times 27 = \dfrac{13 \times \boxed{}}{\boxed{\dfrac{18}{\boxed{}}}} = \dfrac{\boxed{}}{\boxed{}} = \boxed{}\dfrac{\boxed{}}{\boxed{}}$

개념 다지기

보기 와 같이 계산해 보세요.

> **보기**
>
> $\dfrac{3}{10} \times 12$
>
> **방법1** $\dfrac{3}{10} \times 12 = \dfrac{3 \times 12}{10} = \dfrac{\overset{18}{36}}{\underset{5}{10}} = \dfrac{18}{5} = 3\dfrac{3}{5}$
>
> **방법2** $\dfrac{3}{\underset{5}{10}} \times \overset{6}{12} = \dfrac{18}{5} = 3\dfrac{3}{5}$

1 방법1

$\dfrac{5}{6} \times 15 =$

2 방법2

$\dfrac{2}{3} \times 6 =$

3 방법1

$\dfrac{5}{12} \times 8 =$

4 방법2

$\dfrac{3}{5} \times 10 =$

5 방법1

$\dfrac{4}{9} \times 12 =$

6 방법2

$\dfrac{9}{14} \times 21 =$

7 $\dfrac{7}{12} + 4 =$

8 방법2

$\dfrac{5}{8} \times 20 =$

014

(진분수)×(자연수)의 식을 쓰고 계산해 보세요.

① $\dfrac{4}{15}$　10

② $\dfrac{5}{6}$　9

③ $\dfrac{6}{7}$　3

④ $\dfrac{3}{8}$　6

⑤ $\dfrac{4}{9}$　12

⑥ $\dfrac{7}{10}$　12

⑦ $\dfrac{7}{12}$　21

⑧ $\dfrac{11}{18}$　5

⑨ $\dfrac{13}{30}$　24

⑩ $\dfrac{5}{24}$　16

✏ 문제를 해결해 보세요.

1 동욱이는 과학 실험을 하기 위해 수조에 물을 $\frac{3}{5}$ L씩 3번 부었습니다.

수조에 부은 물은 모두 몇 L인가요?

식_____   답_____ L

2 정삼각형, 정사각형, 정육각형 모양의 밭 ㉮, ㉯, ㉰에 각각 울타리를 설치하기 위해
세 정다각형 밭의 둘레를 재려고 합니다. 그림을 보고 물음에 답하세요.

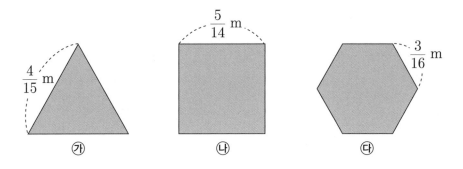

(1) ㉮의 둘레는 몇 m인가요?

(   ) m

(2) ㉯의 둘레는 몇 m인가요?

(   ) m

(3) ㉰의 둘레는 몇 m인가요?

(   ) m

(4) 둘레가 긴 것부터 순서대로 기호를 써 보세요.

(,   ,   )

✎ 계산해 보세요.

1 $\dfrac{3}{8} \times 6 =$

2 $\dfrac{2}{3} \times 5 =$

3 $\dfrac{5}{12} \times 9 =$

4 $\dfrac{3}{8} \times 10 =$

5 $\dfrac{9}{14} \times 16 =$

6 $\dfrac{8}{21} \times 24 =$

7 $\dfrac{5}{6} \times 15 =$

8 $\dfrac{3}{10} \times 25 =$

9 $\dfrac{9}{16} \times 36 =$

10 $\dfrac{8}{15} \times 21 =$

도전해 보세요

1 한 명이 호두파이 한 판의 $\dfrac{3}{8}$씩 먹으려고 합니다. 16명이 먹기 위해 필요한 호두파이는 모두 몇 판인지 식을 쓰고 답을 구해 보세요.

식_____

답_____판

2 계산해 보세요.

(1) $1\dfrac{3}{4} \times 10 =$

(2) $2\dfrac{1}{6} \times 3 =$

개념연결

3-2분수	5-1약분과 통분		5-2분수의 곱셈
대분수와 가분수의 관계	약분	(대분수)×(자연수)	(대분수)×(대분수)
$1\frac{5}{6}=\frac{\boxed{11}}{6}$	$\frac{2}{10}=\frac{\boxed{1}}{\boxed{5}}$	$1\frac{3}{4}\times3=\boxed{5}\frac{\boxed{1}}{4}$	$2\frac{1}{4}\times3\frac{2}{3}=\boxed{8}\frac{\boxed{1}}{4}$

배운 것을 기억해 볼까요?

1 $2\frac{3}{5}=\dfrac{\boxed{}}{5}$

2 $\dfrac{6}{8}=\dfrac{\boxed{}}{4}$

(대분수)×(자연수)를 할 수 있어요.

30초 개념 (대분수)×(자연수)는 대분수를 가분수로 바꾸어 계산하거나 대분수를 자연수와 진분수의 합으로 나누어 계산해요.

$1\frac{3}{4}\times3$**의 계산**

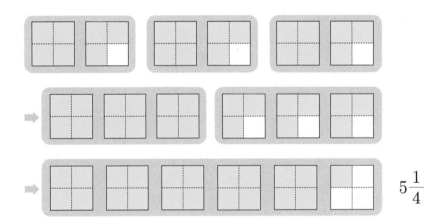

$$5\frac{1}{4}$$

방법1 대분수를 가분수로 바꾸어 계산하기

$$1\frac{3}{4}\times3=\frac{7}{4}\times3=\frac{7\times3}{4}=\frac{21}{4}=5\frac{1}{4}$$

방법2 대분수의 자연수와 진분수에 각각 자연수를 곱하여 계산하기

$$1\frac{3}{4}\times3=(1\times3)+\left(\frac{3}{4}\times3\right)=3+\frac{9}{4}=3+2\frac{1}{4}=5\frac{1}{4}$$

✎ ☐ 안에 알맞은 수를 써넣으세요.

대분수를
가분수로 바꾸어
계산해요.

① $1\dfrac{2}{3} \times 6 = \dfrac{\boxed{}}{\cancel{3}} \times 6 = \boxed{}$

② $3\dfrac{1}{4} \times 10 = \dfrac{\boxed{}}{\cancel{4}} \times 10 = \dfrac{\boxed{}}{\boxed{}} = \boxed{}\dfrac{\boxed{}}{\boxed{}}$

③ $1\dfrac{3}{8} \times 20 = \dfrac{\boxed{}}{\cancel{8}} \times 20 = \dfrac{\boxed{}}{\boxed{}} = \boxed{}\dfrac{\boxed{}}{\boxed{}}$

대분수를
자연수와 진분수의 합으로
나타내어 계산해요.

④ $4\dfrac{2}{15} \times 5 = \left(4 \times \boxed{}\right) + \left(\dfrac{2}{15} \times 5\right) = \boxed{} + \dfrac{2 \times \cancel{5}}{15} = \boxed{} + \dfrac{\boxed{}}{\boxed{}} = \boxed{}\dfrac{\boxed{}}{\boxed{}}$

⑤ $2\dfrac{5}{6} \times 9 = \left(2 \times \boxed{}\right) + \left(\dfrac{5}{6} \times 9\right) = \boxed{} + \dfrac{5 \times \cancel{9}}{6} = \boxed{} + \dfrac{\boxed{}}{\boxed{}} = \boxed{}\dfrac{\boxed{}}{\boxed{}}$

⑥ $3\dfrac{7}{10} \times 8 = \left(3 \times \boxed{}\right) + \left(\dfrac{7}{10} \times 8\right) = \boxed{} + \dfrac{7 \times \cancel{8}}{10} = \boxed{} + \dfrac{\boxed{}}{\boxed{}} = \boxed{}\dfrac{\boxed{}}{\boxed{}}$

 덤

대분수를 가분수로 바꾸지 않은 채 분모와 자연수를 약분하지 않도록 주의해요.

$$1\dfrac{5}{\underset{3}{12}} \times \overset{2}{\cancel{8}} \ (\times) \qquad 1\dfrac{5}{12} \times 8 = \dfrac{17}{\underset{3}{12}} \times \overset{2}{\cancel{8}} \ (\bigcirc)$$

보기 와 같이 계산해 보세요.

보기

$$1\frac{5}{12}\times15$$

방법1 $1\dfrac{5}{12}\times15=\dfrac{17}{\underset{4}{12}}\times\overset{5}{15}=\dfrac{85}{4}=21\dfrac{1}{4}$

방법2 $1\dfrac{5}{12}\times15$

$=(1\times15)+\left(\dfrac{5}{\underset{4}{12}}\times\overset{5}{15}\right)$

$=15+\dfrac{25}{4}=15+6\dfrac{1}{4}=21\dfrac{1}{4}$

1 방법1

$$2\frac{1}{3}\times5=$$

2 방법2

$$1\frac{3}{8}\times4=$$

3 $3\dfrac{1}{6}+9=$

 4 방법2

$$4\frac{2}{9}\times6=$$

5 방법1

$$5\frac{3}{10}\times18=$$

6 $\dfrac{7}{18}\times27=$

 7 방법1

$$1\frac{11}{14}\times7=$$

8 방법2

$$2\frac{5}{9}\times33=$$

(대분수)×(자연수)의 식을 쓰고 계산해 보세요.

1 $1\frac{3}{4}$ 6

2 $1\frac{1}{6}$ 8

3 $3\frac{7}{8}$ 12

4 $2\frac{5}{7}$ 21

5 $1\frac{9}{10}$ 3

6 $4\frac{2}{9}$ 15

7 $2\frac{1}{12}$ 10

8 $3\frac{5}{16}$ 24

9 $1\frac{8}{27}$ 18

10 $2\frac{11}{25}$ 15

2단계 021

개념 키우기

🖊 문제를 해결해 보세요.

1 준성이가 미술 시간에 직사각형 모양의 종이를 색칠된 부분만큼 사용하였습니다. 준성이가 미술 시간에 사용한 종이의 넓이는 몇 cm²인가요?

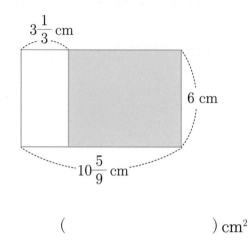

(   ) cm²

2 길이가 $8\frac{5}{6}$ cm인 색 테이프 15장을 $1\frac{1}{2}$ cm씩 겹치게 이어 붙였습니다. 물음에 답하세요.

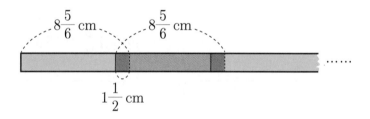

(1) 길이가 $8\frac{5}{6}$ cm인 색 테이프 15장의 길이는 모두 몇 cm인가요?

(   ) cm

(2) $1\frac{1}{2}$ cm씩 겹쳐진 부분의 길이는 모두 몇 cm인가요?

(   ) cm

(3) 색 테이프 15장을 겹쳐서 이어 붙인 전체의 길이는 모두 몇 cm인가요?

(   ) cm

✎ 계산해 보세요.

1. $2\dfrac{3}{5}\times 6=$

2. $1\dfrac{6}{7}\times 3=$

3. $1\dfrac{5}{8}\times 2=$

4. $3\dfrac{5}{6}\times 4=$

5. $3\dfrac{4}{5}\times 15=$

6. $2\dfrac{9}{14}\times 21=$

7. $3\dfrac{1}{4}\times 10=$

8. $2\dfrac{2}{3}\times 5=$

9. $2\dfrac{5}{9}\times 6=$

10. $1\dfrac{7}{8}\times 12=$

도전해 보세요

1. 그림에 알맞은 곱셈식을 쓰고 답을 구해 보세요.

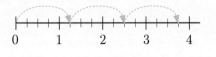

식_____

답_____

2. ☐ 안에 들어갈 수 있는 가장 큰 자연수를 구해 보세요.

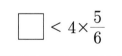

$$\boxed{} < 4\times\dfrac{5}{6}$$

(　　　　　　)

개념연결

5-1약분과 통분	5-2분수의 곱셈	(자연수)×(진분수)	5-2분수의 곱셈
약분	(진분수)×(자연수)		(진분수)×(진분수)
$\dfrac{2}{10} = \dfrac{\boxed{1}}{5}$	$\dfrac{5}{12} \times 8 = 3\dfrac{\boxed{1}}{\boxed{3}}$	$6 \times \dfrac{2}{3} = \boxed{4}$	$\dfrac{3}{4} \times \dfrac{2}{5} = \dfrac{\boxed{3}}{\boxed{10}}$

배운 것을 기억해 볼까요?

1 $\dfrac{6}{9} = \dfrac{\boxed{}}{3}$

2 $\dfrac{5}{12} \times 10 =$

3 $\dfrac{4}{9} \times 6 =$

(자연수)×(진분수)를 할 수 있어요.

30초 개념 (자연수)×(진분수)는 진분수의 분모는 그대로 두고 자연수와 분자를 곱하여 계산해요.

$6 \times \dfrac{2}{3}$**의 계산**

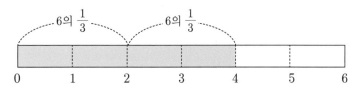

$6의 \dfrac{1}{3} \Rightarrow 2$

$6의 \dfrac{2}{3} \Rightarrow 4$

$6 \times \dfrac{2}{3} = 4$

$$6 \times \frac{2}{3} = \frac{6 \times 2}{3} = \frac{\overset{4}{\cancel{12}}}{\underset{1}{\cancel{3}}} = 4$$

이런 방법도 있어요!

계산하는 과정에서 자연수와 분모를 약분할 수 있어요.

① 자연수와 분자를 곱하는 과정에서
약분하여 계산하기

$$6 \times \frac{2}{3} = \frac{\overset{}{6 \times 2}}{\underset{1}{\cancel{3}}} = 4$$

② 자연수와 분모를 약분한 뒤 자연수와
분자를 곱하여 계산하기

$$\overset{2}{\cancel{6}} \times \frac{2}{\underset{1}{\cancel{3}}} = 2 \times 2 = 4$$

✏️ ☐ 안에 알맞은 수를 써넣으세요.

자연수와 진분수의 분자를 곱하여 약분해요.

1 $9 \times \dfrac{2}{3} = \dfrac{\boxed{} \times 2}{3} = \dfrac{\overset{6}{\cancel{18}}}{\underset{1}{\cancel{3}}} = \boxed{}$

2 $8 \times \dfrac{9}{10} = \dfrac{\boxed{} \times 9}{10} = \dfrac{\overset{\boxed{}}{72}}{\underset{\boxed{}}{10}} = \dfrac{\boxed{}}{\boxed{}} = \boxed{}\dfrac{\boxed{}}{\boxed{}}$

3 $9 \times \dfrac{4}{15} = \dfrac{\boxed{} \times 4}{15} = \dfrac{\overset{\boxed{}}{36}}{\underset{\boxed{}}{15}} = \dfrac{\boxed{}}{\boxed{}} = \boxed{}\dfrac{\boxed{}}{\boxed{}}$

4 $12 \times \dfrac{3}{8} = \dfrac{\boxed{} \times 3}{8} = \dfrac{\overset{\boxed{}}{36}}{\underset{\boxed{}}{8}} = \dfrac{\boxed{}}{\boxed{}} = \boxed{}\dfrac{\boxed{}}{\boxed{}}$

5 $\overset{\boxed{}}{\underset{\boxed{}}{\cancel{4}}} \times \dfrac{1}{6} = \dfrac{\boxed{} \times 1}{\boxed{}} = \dfrac{\boxed{}}{\boxed{}}$

6 $\overset{\boxed{}}{\underset{\boxed{}}{\cancel{6}}} \times \dfrac{5}{12} = \dfrac{\boxed{} \times 5}{\boxed{}} = \dfrac{\boxed{}}{\boxed{}} = \boxed{}\dfrac{\boxed{}}{\boxed{}}$

7 $\overset{\boxed{}}{\underset{\boxed{}}{\cancel{12}}} \times \dfrac{7}{18} = \dfrac{\boxed{} \times 7}{\boxed{}} = \dfrac{\boxed{}}{\boxed{}} = \boxed{}\dfrac{\boxed{}}{\boxed{}}$

8 $\overset{\boxed{}}{\underset{\boxed{}}{\cancel{21}}} \times \dfrac{11}{14} = \dfrac{\boxed{} \times 11}{\boxed{}} = \dfrac{\boxed{}}{\boxed{}} = \boxed{}\dfrac{\boxed{}}{\boxed{}}$

9 $\overset{\boxed{}}{\underset{\boxed{}}{\cancel{16}}} \times \dfrac{13}{20} = \dfrac{\boxed{} \times 13}{\boxed{}} = \dfrac{\boxed{}}{\boxed{}} = \boxed{}\dfrac{\boxed{}}{\boxed{}}$

10 $\overset{\boxed{}}{\underset{\boxed{}}{\cancel{22}}} \times \dfrac{9}{10} = \dfrac{\boxed{} \times 9}{\boxed{}} = \dfrac{\boxed{}}{\boxed{}} = \boxed{}\dfrac{\boxed{}}{\boxed{}}$

보기 와 같이 계산해 보세요.

보기

$$12\times\frac{5}{8}$$

방법1 $12\times\dfrac{5}{8}=\dfrac{12\times5}{8}=\dfrac{\overset{15}{\cancel{60}}}{\underset{2}{\cancel{8}}}=\dfrac{15}{2}=7\dfrac{1}{2}$

방법2 $\overset{3}{\cancel{12}}\times\dfrac{5}{\underset{2}{\cancel{8}}}=\dfrac{3\times5}{2}=\dfrac{15}{2}=7\dfrac{1}{2}$

1 방법1

$$5\times\frac{3}{4}=$$

2 방법2

$$6\times\frac{7}{8}=$$

3 방법1

$$9\times\frac{5}{6}=$$

4 $14+\dfrac{3}{7}=$

5 방법1

$$4\times\frac{11}{12}=$$

6 방법2

$$10\times\frac{14}{25}=$$

7 $\dfrac{6}{13}\times26=$

8 방법2

$$12\times\frac{7}{16}=$$

9 방법1

$$20\times\frac{13}{15}=$$

10 방법2

$$24\times\frac{9}{18}=$$

✏️ (자연수)×(진분수)의 식을 쓰고 계산해 보세요.

① 　4　$\dfrac{3}{10}$

② 　3　$\dfrac{2}{5}$

③ 　12　$\dfrac{1}{8}$

④ 　6　$\dfrac{5}{6}$

⑤ 　10　$\dfrac{7}{15}$

⑥ 　16　$\dfrac{13}{18}$

⑦ 　35　$\dfrac{9}{14}$

⑧ 　28　$\dfrac{11}{24}$

⑨ 　20　$\dfrac{5}{12}$

⑩ 　15　$\dfrac{8}{21}$

✎ 문제를 해결해 보세요.

1 색종이가 24장 있습니다. 전체의 $\frac{5}{8}$ 만큼 사용했다면 남은 색종이는 몇 장인가요?

(   )장

2 정아가 96 cm 높이에서 공을 떨어뜨렸습니다.
공은 떨어진 높이의 $\frac{3}{4}$ 만큼 튀어 오릅니다.
물음에 답하세요.

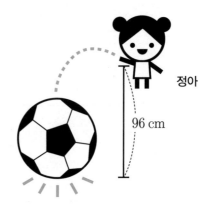

정아

96 cm

(1) 정아가 떨어뜨린 공이 바닥에 한 번 닿았다가 튀어 올랐을 때의 높이는
몇 cm인가요?

식 _____ 답 _____ cm

(2) 공이 바닥에 3번 닿았다가 튀어 올랐을 때의 높이는 몇 cm인가요?

식 _____ 답 _____ cm

계산해 보세요.

1 $4 \times \dfrac{2}{5} =$

2 $12 \times \dfrac{6}{7} =$

3 $10 \times \dfrac{5}{8} =$

4 $15 \times \dfrac{3}{20} =$

5 $21 \times \dfrac{9}{14} =$

6 $32 \times \dfrac{7}{24} =$

7 $42 \times \dfrac{5}{18} =$

8 $27 \times \dfrac{11}{36} =$

9 $24 \times \dfrac{13}{40} =$

10 $25 \times \dfrac{12}{35} =$

도전해 보세요

1 가영이네 반 학생 30명 중에서 $\dfrac{3}{5}$은 남학생이고, 남학생 중에서 $\dfrac{2}{3}$는 안경을 썼습니다. 가영이네 반의 안경 쓴 남학생은 몇 명인가요?

(   )명

2 계산해 보세요.

(1) $2 \times 1\dfrac{2}{3} =$

(2) $4 \times 2\dfrac{5}{6} =$

개념연결

5-1약분과 통분	5-2분수의 곱셈	(자연수)×(대분수)	5-2분수의 곱셈
약분	(대분수)×(자연수)	$2 \times 1\frac{2}{3} = 3\boxed{}\frac{\boxed{1}}{\boxed{3}}$	(대분수)×(대분수)
$\frac{2}{10} = \frac{\boxed{1}}{\boxed{5}}$	$1\frac{3}{4} \times 3 = 5\boxed{}\frac{\boxed{1}}{\boxed{4}}$		$2\frac{1}{4} \times 3\frac{2}{3} = 8\boxed{}\frac{\boxed{1}}{\boxed{4}}$

배운 것을 기억해 볼까요?

1 $\dfrac{6}{18} = \dfrac{\boxed{}}{6} = \dfrac{\boxed{}}{3}$

2 $1\dfrac{7}{12} \times 15 =$

(자연수)×(대분수)를 할 수 있어요.

30초 개념
대분수를 가분수로 나타내어 계산하거나 대분수를 자연수와 진분수의 합으로 나누어 계산해요.

$2 \times 1\dfrac{2}{3}$**의 계산**

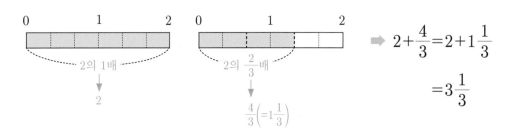

$\Rightarrow 2 + \dfrac{4}{3} = 2 + 1\dfrac{1}{3}$

$= 3\dfrac{1}{3}$

방법1 대분수를 가분수로 바꾸어 계산하기

$$2 \times 1\frac{2}{3} = 2 \times \frac{5}{3} = \frac{2 \times 5}{3} = \frac{10}{3} = 3\frac{1}{3}$$

방법2 자연수에 대분수의 자연수와 진분수를 각각 곱하여 계산하기

$$2 \times 1\frac{2}{3} = (2 \times 1) + \left(2 \times \frac{2}{3}\right) = 2 + \frac{4}{3} = 2 + 1\frac{1}{3} = 3\frac{1}{3}$$

✏️ □ 안에 알맞은 수를 써넣으세요.

> 대분수를 가분수로 바꾸어 계산해요.

① $5 \times 2\frac{1}{2} = 5 \times \dfrac{\boxed{}}{2} = \dfrac{5 \times \boxed{}}{2} = \dfrac{\boxed{}}{2} = \boxed{}\dfrac{\boxed{}}{\boxed{}}$

② $10 \times 4\frac{5}{6} = \dfrac{\boxed{}}{10} \times \dfrac{\boxed{}}{\underset{\boxed{}}{6}} = \dfrac{\boxed{}}{\boxed{}} = \boxed{}\dfrac{\boxed{}}{\boxed{}}$

③ $8 \times 3\frac{5}{12} = \dfrac{\boxed{}}{8} \times \dfrac{\boxed{}}{\underset{\boxed{}}{12}} = \dfrac{\boxed{} \times \boxed{}}{\boxed{}} = \dfrac{\boxed{}}{\boxed{}} = \boxed{}\dfrac{\boxed{}}{\boxed{}}$

④ $16 \times 2\frac{3}{32} = \dfrac{\boxed{}}{16} \times \dfrac{\boxed{}}{\underset{\boxed{}}{32}} = \dfrac{\boxed{}}{\boxed{}} = \boxed{}\dfrac{\boxed{}}{\boxed{}}$

> 대분수를 자연수와 진분수의 합으로 나누어 계산해요.

⑤ $3 \times 2\frac{3}{4} = (3 \times \boxed{}) + \left(3 \times \dfrac{3}{4}\right) = \boxed{} + \dfrac{9}{4} = \boxed{} + \boxed{}\dfrac{\boxed{}}{\boxed{}} = \boxed{}\dfrac{\boxed{}}{\boxed{}}$

⑥ $6 \times 2\frac{2}{9} = (6 \times \boxed{}) + \left(\overset{\boxed{}}{6} \times \dfrac{2}{\underset{\boxed{}}{9}}\right) = \boxed{} + \dfrac{\boxed{}}{\boxed{}} = \boxed{} + \boxed{}\dfrac{\boxed{}}{\boxed{}} = \boxed{}\dfrac{\boxed{}}{\boxed{}}$

⑦ $12 \times 1\frac{11}{20} = (12 \times \boxed{}) + \left(\overset{\boxed{}}{12} \times \dfrac{11}{\underset{\boxed{}}{20}}\right) = \boxed{} + \dfrac{\boxed{}}{\boxed{}} = \boxed{} + \boxed{}\dfrac{\boxed{}}{\boxed{}} = \boxed{}\dfrac{\boxed{}}{\boxed{}}$

⑧ $18 \times 1\frac{7}{27} = (18 \times \boxed{}) + \left(\overset{\boxed{}}{18} \times \dfrac{7}{\underset{\boxed{}}{27}}\right) = \boxed{} + \dfrac{\boxed{}}{\boxed{}} = \boxed{} + \boxed{}\dfrac{\boxed{}}{\boxed{}} = \boxed{}\dfrac{\boxed{}}{\boxed{}}$

 덤

자연수와 분모를 약분할 때는 대분수를 가분수로 나타낸 뒤 약분해요.

$$\overset{1}{\cancel{3}} \times 1\frac{2}{9}\ (\times) \qquad 3 \times 1\frac{2}{9} = 3 \times \frac{11}{9}\ (\bigcirc)$$

보기 와 같이 계산해 보세요.

> 보기
>
> $6 \times 2\frac{3}{4}$
>
> 방법1 $\quad 6 \times 2\frac{3}{4} = \overset{3}{6} \times \frac{11}{\underset{2}{4}} = \frac{33}{2} = 16\frac{1}{2}$
>
> 방법2 $\quad 6 \times 2\frac{3}{4} = (6 \times 2) + \left(\overset{3}{6} \times \frac{3}{\underset{2}{4}}\right)$
>
> $\qquad\qquad\quad = 12 + \frac{9}{2} = 12 + 4\frac{1}{2} = 16\frac{1}{2}$

1 방법1

$9 \times 1\frac{2}{15} =$

2 방법2

$3 \times 2\frac{3}{5} =$

3 $\quad 6 + 2\frac{4}{9} =$

4 방법2

$16 \times 3\frac{5}{8} =$

5 방법1

$11 \times 4\frac{9}{22} =$

6 방법2

$8 \times 5\frac{3}{10} =$

7 방법1

$18 \times 3\frac{7}{15} =$

8 $\quad 35 \times \frac{2}{7} =$

9 방법1

$24 \times 1\frac{9}{16} =$

10 방법2

$27 \times 2\frac{5}{12} =$

(자연수)×(대분수)의 식을 쓰고 계산해 보세요.

1 8 $5\frac{1}{2}$

2 7 $4\frac{2}{5}$

3 16 $3\frac{3}{4}$

4 6 $3\frac{5}{8}$

5 12 $1\frac{7}{10}$

6 9 $2\frac{1}{6}$

7 20 $3\frac{4}{15}$

8 14 $1\frac{5}{12}$

9 21 $2\frac{9}{14}$

10 24 $1\frac{7}{16}$

개념 키우기

✏️ 문제를 해결해 보세요.

1 민주는 사탕을 20개 가지고 있고, 서준이는 민주가 가진 사탕의 $2\frac{2}{5}$배를 가지고 있습니다. 서준이가 가진 사탕은 모두 몇 개인가요?

식_____ 답_____개

2 민지는 이번 달에 8000원을 저금했습니다.
수아는 민지의 $2\frac{3}{16}$배, 준희는 수아의 $1\frac{4}{25}$배를 저금했습니다.
물음에 답하세요.

(1) 수아가 이번 달에 저금한 금액은 얼마인가요?

식_____ 답_____원

(2) 준희가 이번 달에 저금한 금액은 얼마인가요?

식_____ 답_____원

개념 다시보기

✎ 계산해 보세요.

① $2 \times 5\frac{1}{3} =$

② $4 \times 2\frac{5}{6} =$

③ $9 \times 2\frac{3}{4} =$

④ $12 \times 3\frac{7}{8} =$

⑤ $20 \times 3\frac{2}{5} =$

⑥ $16 \times 4\frac{5}{12} =$

⑦ $18 \times 2\frac{3}{4} =$

⑧ $36 \times 1\frac{5}{6} =$

⑨ $45 \times 1\frac{4}{15} =$

⑩ $22 \times 2\frac{1}{10} =$

도전해 보세요

① 하루에 $5\frac{1}{2}$분씩 느려지는 시계가 있습니다. 이 시계를 오늘 오후 12시에 정확히 맞추어 놓았다면 일주일 후 오후 12시에 이 시계가 가리키는 시각은 몇 시 몇 분 몇 초인가요?

(   )시 (   )분 (   )초

② 계산해 보세요.

(1) $\frac{2}{7} \times \frac{1}{12} =$

(2) $\frac{4}{9} \times \frac{3}{5} =$

개념연결

5-2분수의 곱셈	5-2분수의 곱셈		5-2분수의 곱셈
(진분수)×(자연수)	(자연수)×(진분수)	(진분수)×(진분수)	(대분수)×(대분수)
$\frac{5}{12}×8=\boxed{3}\frac{\boxed{1}}{\boxed{3}}$	$6×\frac{2}{3}=\boxed{4}$	$\frac{3}{4}×\frac{2}{5}=\frac{\boxed{3}}{\boxed{10}}$	$2\frac{1}{4}×3\frac{2}{3}=\boxed{8}\frac{\boxed{1}}{\boxed{4}}$

배운 것을 기억해 볼까요?

1 $\frac{5}{6}×15=$

2 $6×\frac{7}{12}=$

(진분수)×(진분수)를 할 수 있어요.

30초 개념 진분수끼리의 곱셈은 분모는 분모끼리 분자는 분자끼리 곱하여 계산해요.
진분수끼리의 곱은 항상 1보다 작아요.

$\frac{3}{4}×\frac{2}{5}$ 의 계산

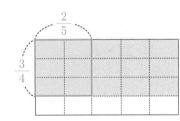

$\frac{3}{4}$ 의 $\frac{2}{5}$ ➡ $\frac{6}{20}\left(=\frac{3}{10}\right)$

$$\frac{3}{4}×\frac{2}{5}=\frac{3×2}{4×5}=\frac{\overset{3}{\cancel{6}}}{\underset{10}{\cancel{20}}}=\frac{3}{10}$$

이런 방법도 있어요!

① 분모는 분모끼리, 분자는 분자끼리
　곱하는 과정에서 약분하여 계산하기

$$\frac{3}{4}×\frac{2}{5}=\frac{3×\overset{1}{\cancel{2}}}{\underset{2}{\cancel{4}}×5}=\frac{3}{10}$$

② 약분한 뒤 분모는 분모끼리,
　분자는 분자끼리 곱하여 계산하기

$$\frac{3}{\underset{2}{\cancel{4}}}×\frac{\overset{1}{\cancel{2}}}{5}=\frac{3}{10}$$

개념 익히기

 □ 안에 알맞은 수를 써넣으세요.

1 $\dfrac{2}{3} \times \dfrac{1}{3} = \dfrac{\square \times \square}{\square \times \square} = \dfrac{\square}{\square}$

2 $\dfrac{1}{2} \times \dfrac{3}{4} = \dfrac{\square \times \square}{\square \times \square} = \dfrac{\square}{\square}$

3 $\dfrac{2}{5} \times \dfrac{3}{5} = \dfrac{\square \times \square}{\square \times \square} = \dfrac{\square}{\square}$

4 $\dfrac{2}{3} \times \dfrac{4}{5} = \dfrac{\square \times \square}{\square \times \square} = \dfrac{\square}{\square}$

5 $\dfrac{5}{7} \times \dfrac{4}{9} = \dfrac{\square \times \square}{\square \times \square} = \dfrac{\square}{\square}$

6 $\dfrac{7}{10} \times \dfrac{3}{5} = \dfrac{\square \times \square}{\square \times \square} = \dfrac{\square}{\square}$

7 $\dfrac{4}{5} \times \dfrac{5}{12} = \dfrac{4 \times 5}{5 \times 12} = \dfrac{\square}{\square}$

8 $\dfrac{5}{8} \times \dfrac{2}{5} = \dfrac{5 \times 2}{8 \times 5} = \dfrac{\square}{\square}$

9 $\dfrac{5}{9} \times \dfrac{3}{10} = \dfrac{\square \times \square}{\square \times \square} = \dfrac{\square}{\square}$

10 $\dfrac{7}{8} \times \dfrac{16}{21} = \dfrac{\square \times \square}{\square \times \square} = \dfrac{\square}{\square}$

 덤

계산 과정에서 약분할 때 분모끼리 약분하거나 분자끼리 약분하지 않도록 해요.
$$\dfrac{\overset{1}{2}}{3} \times \dfrac{\overset{2}{4}}{5} = \dfrac{2}{15} \ (\times)$$

보기 와 같이 계산해 보세요.

보기

$$\dfrac{7}{12} \times \dfrac{9}{14}$$

방법1 $\dfrac{7}{12} \times \dfrac{9}{14} = \dfrac{7 \times 9}{12 \times 14} = \dfrac{3}{8}$

방법2 $\dfrac{7}{12} \times \dfrac{9}{14} = \dfrac{3}{8}$

1 방법1

$\dfrac{2}{3} \times \dfrac{3}{4} =$

2 방법2

$\dfrac{5}{8} \times \dfrac{2}{15} =$

 3 방법1

$\dfrac{7}{10} \times \dfrac{5}{14} =$

4 방법2

$\dfrac{4}{15} \times \dfrac{3}{10} =$

5 방법1

$\dfrac{3}{5} \times \dfrac{5}{7} =$

6 방법2

$\dfrac{4}{9} \times \dfrac{3}{8} =$

7 방법1

$\dfrac{5}{6} \times \dfrac{2}{15} =$

8 방법2

$\dfrac{11}{12} \times \dfrac{9}{11} =$

 9 방법1

$\dfrac{3}{16} \times \dfrac{2}{9} =$

10 방법2

$\dfrac{14}{15} \times \dfrac{10}{21} =$

(진분수)×(진분수)의 식을 쓰고 계산해 보세요.

① $\dfrac{3}{4}$ $\dfrac{5}{7}$

② $\dfrac{2}{3}$ $\dfrac{6}{8}$

③ $\dfrac{4}{7}$ $\dfrac{1}{2}$

④ $\dfrac{4}{9}$ $\dfrac{2}{5}$

⑤ $\dfrac{2}{11}$ $\dfrac{3}{4}$

⑥ $\dfrac{3}{8}$ $\dfrac{4}{5}$

⑦ $\dfrac{5}{6}$ $\dfrac{9}{10}$

⑧ $\dfrac{11}{12}$ $\dfrac{6}{33}$

⑨ $\dfrac{7}{18}$ $\dfrac{9}{14}$

⑩ $\dfrac{3}{35}$ $\dfrac{14}{15}$

개념 키우기

✎ 문제를 해결해 보세요.

1 길이가 $\frac{9}{10}$ m인 색실이 있습니다. 이 색실의 $\frac{2}{3}$ 만큼을 사용하여 팔찌를 만들었습니다. 팔찌를 만드는 데 사용한 색실은 몇 m인가요?

식_____ 답_____ m

2 민주는 어제 책 한 권의 $\frac{3}{5}$ 을 읽었습니다. 오늘은 어제 읽고 난 나머지의 $\frac{3}{4}$ 을 읽었습니다. 물음에 답하세요.

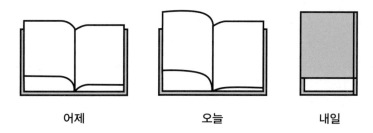

어제   오늘   내일

(1) 오늘 민주가 읽은 양은 책 전체의 얼마인가요?

식_____ 답_____

(2) 내일까지 민주가 책을 모두 읽으려고 합니다. 내일 읽을 양은 책 전체의 얼마인가요?

식_____ 답_____

(3) 책 한 권이 320쪽일 때 민주가 어제 읽은 양은 모두 몇 쪽인가요?

(   )쪽

✎ 계산해 보세요.

1 $\dfrac{3}{4} \times \dfrac{1}{6} =$

2 $\dfrac{2}{5} \times \dfrac{5}{7} =$

3 $\dfrac{2}{3} \times \dfrac{7}{8} =$

4 $\dfrac{8}{9} \times \dfrac{3}{5} =$

5 $\dfrac{2}{3} \times \dfrac{9}{10} =$

6 $\dfrac{7}{12} \times \dfrac{6}{21} =$

7 $\dfrac{2}{7} \times \dfrac{2}{5} =$

8 $\dfrac{15}{16} \times \dfrac{2}{3} =$

9 $\dfrac{12}{13} \times \dfrac{3}{4} =$

도전해 보세요

1 분수의 곱을 색칠하고 계산해 보세요.

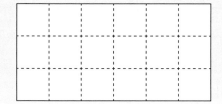

$\dfrac{2}{3} \times \dfrac{5}{6} =$

2 계산해 보세요.

(1) $\dfrac{1}{2} \times \dfrac{1}{3} =$

(2) $\dfrac{1}{4} \times \dfrac{1}{8} =$

개념연결

5-2분수의 곱셈	5-2분수의 곱셈	$(단위분수) \times (단위분수)$	5-2분수의 곱셈
(자연수)×(진분수)	(진분수)×(진분수)		(대분수)×(대분수)
$6 \times \dfrac{2}{3} = \boxed{4}$	$\dfrac{3}{4} \times \dfrac{2}{5} = \dfrac{\boxed{3}}{\boxed{10}}$	$\dfrac{1}{2} \times \dfrac{1}{3} = \dfrac{\boxed{1}}{\boxed{6}}$	$2\dfrac{1}{4} \times 3\dfrac{2}{3} = \boxed{8}\dfrac{\boxed{1}}{\boxed{4}}$

배운 것을 기억해 볼까요?

1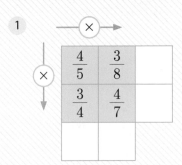

2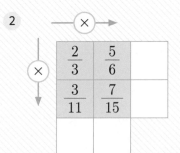

$(단위분수) \times (단위분수)$를 할 수 있어요.

30초 개념 단위분수는 분자가 1인 분수예요. $(단위분수) \times (단위분수)$는 분모는 분모끼리, 분자는 분자끼리 곱해요. 단위분수는 진분수이므로 단위분수끼리의 곱은 항상 1보다 작아요.

$\dfrac{1}{2} \times \dfrac{1}{3}$의 계산

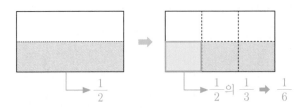

분모는 분모끼리, 분자는 분자끼리 곱하기

$$\frac{1}{2} \times \frac{1}{3} = \frac{1 \times 1}{2 \times 3} = \frac{1}{6}$$

✏️ 계산해 보세요.

 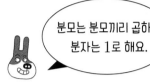

분모는 분모끼리 곱하고 분자는 1로 해요.

① $\dfrac{1}{2} \times \dfrac{1}{3} = \dfrac{1}{\boxed{} \times \boxed{}} = \dfrac{1}{\boxed{}}$

② $\dfrac{1}{3} \times \dfrac{1}{5} =$

③ $\dfrac{1}{4} \times \dfrac{1}{3} =$

④ $\dfrac{1}{6} \times \dfrac{1}{8} =$

⑤ $\dfrac{1}{7} \times \dfrac{1}{4} =$

⑥ $\dfrac{1}{8} \times \dfrac{1}{9} =$

⑦ $\dfrac{1}{6} \times \dfrac{1}{7} =$

⑧ $\dfrac{1}{2} \times \dfrac{1}{9} =$

⑨ $\dfrac{1}{11} \times \dfrac{1}{4} =$

⑩ $\dfrac{1}{10} \times \dfrac{1}{6} =$

⑪ $\dfrac{1}{15} \times \dfrac{1}{4} =$

 덤

(단위분수)×(단위분수)는 분자끼리의 곱이
└──▶ 분자가 1인 분수
항상 1이므로 분모는 분모끼리 곱하고

분자에는 1을 씁니다.

$\dfrac{1}{2} \times \dfrac{1}{5} = \dfrac{1}{2 \times 5} = \dfrac{1}{10}$

계산해 보세요.

1 $\dfrac{1}{2} \times \dfrac{1}{5} =$

2 $\dfrac{1}{4} \times \dfrac{1}{5} =$

3 $\dfrac{1}{7} \times \dfrac{1}{3} =$

4 $\dfrac{1}{10} \times \dfrac{1}{4} =$

5 $\dfrac{1}{7} \times \dfrac{1}{9} =$

6 $\dfrac{1}{8} + \dfrac{1}{12} =$

7 $\dfrac{1}{4} \times \dfrac{1}{6} =$

8 $\dfrac{1}{8} \times \dfrac{1}{6} =$

9 $\dfrac{1}{12} \times \dfrac{1}{5} =$

10 $\dfrac{1}{13} \times \dfrac{1}{4} =$

11 $\dfrac{4}{15} \times \dfrac{3}{8} =$

12 $\dfrac{1}{16} \times \dfrac{1}{2} =$

13 $\dfrac{1}{11} + \dfrac{1}{9} =$

14 $\dfrac{1}{5} \times \dfrac{1}{14} =$

15 $\dfrac{1}{17} \times \dfrac{1}{3} =$

보기 와 같이 색칠된 부분의 넓이를 식을 세워 구해 보세요.

보기

$$\frac{1}{3} \times \frac{1}{2} = \frac{1}{6} \left(또는 \ \frac{1}{2} \times \frac{1}{3} = \frac{1}{6} \right)$$

1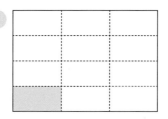

_____

2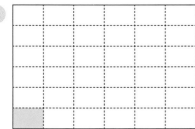

_____

3

_____

4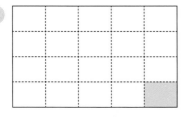

_____

5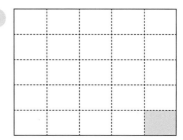

_____

6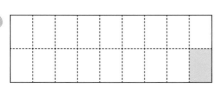

_____

7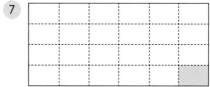

_____

문제를 해결해 보세요.

1 효진이는 병에 들어 있는 물 $\frac{1}{2}$ L 중에서 $\frac{1}{4}$만큼을 컵에 따라 마셨습니다.

효진이가 마신 물은 몇 L인가요?

식_____ 답_____ L

2 지민이네 모둠은 미술 시간에 색칠하기 활동을 하였습니다. 물음에 답하세요.

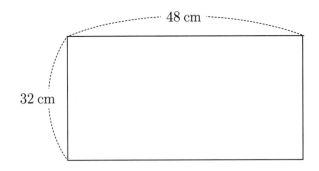

(1) 지민이는 전체 도화지의 $\frac{1}{2}$만큼에 빨간색을 칠했습니다.

지민이가 칠하지 않은 부분은 전체의 얼마인가요?

(   )

(2) 효나는 지민이가 칠하지 않은 부분의 $\frac{3}{4}$만큼에 노란색을 칠했습니다.

지민이와 효나가 칠하지 않은 부분은 전체의 얼마인가요?

(   )

(3) 민주는 색을 칠하지 않은 나머지 부분의 $\frac{2}{3}$만큼에 파란색을 칠했습니다.

지민, 효나, 민주가 칠하지 않은 부분은 전체의 얼마이고, 몇 cm²인가요?

(   ), (   ) cm²

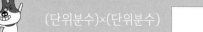
 개념 다시보기

 계산해 보세요.

① $\dfrac{1}{2} \times \dfrac{1}{2} =$

② $\dfrac{1}{3} \times \dfrac{1}{6} =$

③ $\dfrac{1}{5} \times \dfrac{1}{7} =$

④ $\dfrac{1}{4} \times \dfrac{1}{8} =$

⑤ $\dfrac{1}{9} \times \dfrac{1}{5} =$

⑥ $\dfrac{1}{6} \times \dfrac{1}{4} =$

⑦ $\dfrac{1}{9} \times \dfrac{1}{2} =$

⑧ $\dfrac{1}{10} \times \dfrac{1}{12} =$

⑨ $\dfrac{1}{11} \times \dfrac{1}{3} =$

도전해 보세요

① 수 카드 5 , 6 , 7 , 8 , 9 중에서 2장을 사용하여 분수의 곱셈을 만들려고 합니다. 계산 결과가 가장 작은 식을 만들고 답을 구해 보세요.

$$\dfrac{1}{\square} \times \dfrac{1}{\square}$$

식＿＿＿＿＿＿＿＿＿＿＿＿＿

답＿＿＿＿＿＿＿＿＿＿＿

② 계산해 보세요.

(1) $1\dfrac{1}{2} \times 1\dfrac{2}{3} =$

(2) $2\dfrac{1}{4} \times 3\dfrac{1}{2} =$

개념연결

5-2분수의 곱셈	5-2분수의 곱셈		5-2분수의 곱셈
(자연수)×(대분수)	(진분수)×(진분수)	(대분수)×(대분수)	세 분수의 곱셈
$2 \times 1\frac{2}{3} = \boxed{3}\frac{\boxed{1}}{\boxed{3}}$	$\frac{3}{4} \times \frac{2}{5} = \frac{\boxed{3}}{\boxed{10}}$	$2\frac{1}{4} \times 3\frac{2}{3} = \boxed{8}\frac{\boxed{1}}{\boxed{4}}$	$\frac{3}{4} \times \frac{4}{5} \times \frac{2}{9} = \frac{\boxed{2}}{\boxed{15}}$

배운 것을 기억해 볼까요?

1 $4 \times 2\frac{1}{6} =$

2 $\frac{2}{5} \times \frac{5}{6} =$

3 $\frac{1}{2} \times \frac{1}{7} =$

(대분수)×(대분수)를 할 수 있어요.

30초 개념

대분수끼리의 곱셈은 대분수를 가분수로 나타내어 계산해요.
분모와 분자를 약분할 수 있으면 약분한 뒤 계산해요.

$2\frac{1}{4} \times 3\frac{2}{3}$의 계산

$$2\frac{1}{4} \times 3\frac{2}{3} = \frac{\overset{3}{\cancel{9}}}{4} \times \frac{11}{\underset{1}{\cancel{3}}} = \frac{3 \times 11}{4 \times 1} = \frac{33}{4} = 8\frac{1}{4}$$

이런 방법도 있어요!

직사각형의 넓이로 대분수끼리의 곱셈을 할 수 있어요.

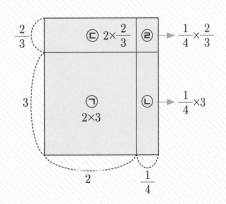

$2\frac{1}{4} \times 3\frac{2}{3} = \underset{㉠}{2 \times 3} + \underset{㉡}{\frac{1}{4} \times 3} + \underset{㉢}{2 \times \frac{2}{3}} + \underset{㉣}{\frac{1}{\underset{2}{4}} \times \frac{\overset{1}{2}}{3}}$

$= 6 + \frac{3}{4} + \frac{4}{3} + \frac{1}{6}$

$= 6 + 2\frac{1}{4} = 8\frac{1}{4}$

개념 익히기

 계산해 보세요.

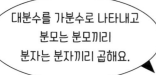 대분수를 가분수로 나타내고
분모는 분모끼리
분자는 분자끼리 곱해요.

① $2\frac{4}{5} \times 1\frac{5}{7} = \frac{14}{5} \times \frac{12}{\boxed{7}} = \frac{\boxed{}}{\boxed{}} = \boxed{}\frac{\boxed{}}{\boxed{}}$

 결과가 가분수이면
대분수로 나타내요.

② $1\frac{1}{5} \times 3\frac{2}{3} = \frac{\boxed{}}{5} \times \frac{\boxed{}}{\boxed{3}} = \frac{\boxed{}}{\boxed{}} = \boxed{}\frac{\boxed{}}{\boxed{}}$

③ $2\frac{1}{4} \times 4\frac{2}{3} = \frac{\boxed{}}{\boxed{4}} \times \frac{\boxed{}}{\boxed{3}} = \frac{\boxed{}}{\boxed{}} = \boxed{}\frac{\boxed{}}{\boxed{}}$

④ $4\frac{1}{2} \times 2\frac{2}{3} = \frac{\boxed{}}{\boxed{2}} \times \frac{\boxed{}}{\boxed{3}} = \frac{\boxed{}}{\boxed{}} = \boxed{}$

⑤ $2\frac{5}{6} \times 2\frac{1}{4} = \frac{\boxed{}}{\boxed{6}} \times \frac{\boxed{}}{4} = \frac{\boxed{}}{\boxed{}} = \boxed{}\frac{\boxed{}}{\boxed{}}$

⑥ $3\frac{1}{4} \times 2\frac{2}{5} = \frac{\boxed{}}{\boxed{4}} \times \frac{\boxed{}}{5} = \frac{\boxed{}}{\boxed{}} = \boxed{}\frac{\boxed{}}{\boxed{}}$

⑦ $3\frac{1}{2} \times 2\frac{4}{7} = \frac{\boxed{}}{\boxed{2}} \times \frac{\boxed{}}{\boxed{7}} = \frac{\boxed{}}{\boxed{}} = \boxed{}$

⑧ $2\frac{5}{8} \times 1\frac{3}{7} = \frac{\boxed{}}{\boxed{8}} \times \frac{\boxed{}}{\boxed{7}} = \frac{\boxed{}}{\boxed{}} = \boxed{}\frac{\boxed{}}{\boxed{}}$

계산해 보세요.

① $3\dfrac{3}{4} \times 2\dfrac{1}{3} =$

② $4\dfrac{2}{7} \times 2\dfrac{4}{5} =$

③ $5\dfrac{1}{3} \times 1\dfrac{1}{8} =$

④ $3\dfrac{5}{6} + 2\dfrac{4}{9} =$

⑤ $1\dfrac{1}{12} \times 2\dfrac{1}{13} =$

⑥ $2\dfrac{1}{10} \times 2\dfrac{2}{7} =$

⑦ $\dfrac{7}{12} \times \dfrac{9}{14} =$

⑧ $2\dfrac{4}{7} \times 2\dfrac{5}{8} =$

⑨ $2\dfrac{5}{8} \times 1\dfrac{1}{15} =$

⑩ $4\dfrac{4}{9} \times 1\dfrac{5}{16} =$

⑪ $2\dfrac{2}{3} \times 1\dfrac{7}{8} =$

⑫ $6\dfrac{2}{3} \times 3\dfrac{3}{10} =$

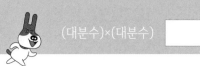

(대분수)×(대분수)의 식을 쓰고 계산해 보세요.

① $3\frac{1}{3}$ $1\frac{2}{15}$

② $1\frac{2}{3}$ $2\frac{1}{2}$

③ $7\frac{1}{2}$ $1\frac{1}{5}$

④ $5\frac{5}{6}$ $1\frac{2}{7}$

⑤ $3\frac{3}{5}$ $2\frac{1}{12}$

⑥ $6\frac{2}{3}$ $3\frac{1}{10}$

⑦ $2\frac{2}{7}$ $1\frac{3}{4}$

⑧ $3\frac{3}{8}$ $2\frac{4}{9}$

⑨ $5\frac{2}{5}$ $4\frac{5}{9}$

⑩ $1\frac{7}{15}$ $2\frac{5}{8}$

개념 키우기

✏️ 문제를 해결해 보세요.

1 1 m의 무게가 $2\frac{3}{4}$ kg인 철근이 있습니다. 이 철근 $4\frac{5}{6}$ m의 무게는 몇 kg인가요?

식_____ 답_____ kg

2 현수네 모둠은 정사각형 모양의 텃밭을 가꾸고, 규영이네 모둠은 직사각형 모양의 텃밭을 가꾸고 있습니다. 그림을 보고 물음에 답하세요.

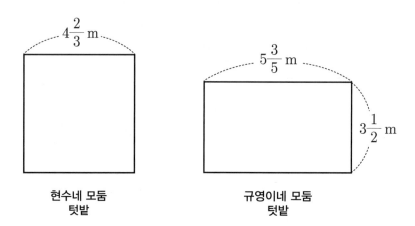

현수네 모둠 텃밭

규영이네 모둠 텃밭

(1) 현수네 모둠의 텃밭의 넓이는 몇 m²인가요?

식_____ 답_____ m²

(2) 규영이네 모둠의 텃밭의 넓이는 몇 m²인가요?

식_____ 답_____ m²

(3) 어느 모둠의 텃밭이 더 넓은가요?

( )

개념 다시보기

✏️ 계산해 보세요.

1 $5\dfrac{1}{4} \times 1\dfrac{1}{9} =$

2 $1\dfrac{2}{3} \times 2\dfrac{2}{5} =$

3 $1\dfrac{7}{8} \times 3\dfrac{1}{3} =$

4 $4\dfrac{2}{7} \times 2\dfrac{4}{15} =$

5 $2\dfrac{1}{10} \times 2\dfrac{2}{9} =$

6 $1\dfrac{1}{14} \times 2\dfrac{1}{3} =$

7 $2\dfrac{2}{5} \times 1\dfrac{7}{8} =$

8 $3\dfrac{3}{7} \times 5\dfrac{5}{6} =$

도전해 보세요

1 평행사변형의 넓이를 구해 보세요.

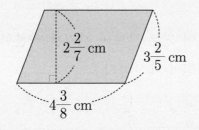

$2\dfrac{2}{7}$ cm $3\dfrac{2}{5}$ cm

$4\dfrac{3}{8}$ cm

(   ) cm²

2 계산해 보세요.

(1) $\dfrac{3}{4} \times \dfrac{2}{5} \times \dfrac{1}{3} =$

(2) $\dfrac{3}{7} \times \dfrac{2}{3} \times 1\dfrac{3}{4} =$

개념연결

5-2분수의 곱셈	5-2분수의 곱셈	5-2분수의 곱셈	
(진분수)×(진분수)	(단위분수)×(단위분수)	(대분수)×(대분수)	세 분수의 곱셈
$\frac{3}{4} \times \frac{2}{5} = \frac{3}{\boxed{10}}$	$\frac{1}{3} \times \frac{1}{6} = \frac{1}{\boxed{18}}$	$2\frac{1}{4} \times 3\frac{2}{3} = 8\frac{\boxed{1}}{4}$	$\frac{3}{5} \times \frac{2}{3} \times \frac{1}{2} = \frac{\boxed{1}}{5}$

배운 것을 기억해 볼까요?

1 (1) $\frac{1}{4} \times \frac{1}{5} =$

(2) $\frac{1}{5} \times \frac{1}{4} =$

2 (1) $1\frac{4}{9} \times 2\frac{3}{5} =$

(2) $1\frac{2}{5} \times 2\frac{1}{3} =$

세 분수의 곱셈을 할 수 있어요.

30초 개념

세 분수의 곱셈은 앞에서부터 차례로 두 분수를 곱하거나 세 분수를 한꺼번에 분모는 분모끼리, 분자는 분자끼리 곱해요.

$\frac{3}{5} \times \frac{2}{3} \times \frac{1}{2}$ 의 계산

$\frac{3}{5}$

0 ⎯⎯⎯⎯⎯ 1 ➡ 0 ⎯⎯⎯⎯⎯ 1 ➡ 0 ⎯⎯⎯⎯⎯ 1

$\frac{3}{5}$ 의 $\frac{2}{3}$ ➡ $\frac{2}{5}$

$\frac{2}{5}$ 의 $\frac{1}{2}$ ➡ $\frac{1}{5}$

이런 방법도 있어요!

① 분모끼리, 분자끼리 곱하는 과정에서 약분하며 계산하기

$\frac{3}{5} \times \frac{2}{3} \times \frac{1}{2} = \left(\frac{3}{5} \times \frac{2}{3}\right) \times \frac{1}{2}$

$= \frac{2}{5} \times \frac{1}{2} = \frac{1}{5}$

② 약분이 되는 분모와 분자를 약분한 뒤 한꺼번에 계산하기

$\frac{3}{5} \times \frac{2}{3} \times \frac{1}{2} = \frac{1}{5}$

개념 익히기

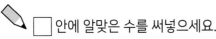

□ 안에 알맞은 수를 써넣으세요.

세 분수의 곱셈은 앞의 두 수를 먼저 곱해요.

1 $\dfrac{4}{7} \times \dfrac{5}{6} \times \dfrac{3}{10} = \left(\dfrac{\square}{7} \times \dfrac{5}{\square} \right) \times \dfrac{3}{10} = \dfrac{\square}{\square} \times \dfrac{3}{10} = \dfrac{\square}{\square}$

2 $\dfrac{3}{4} \times \dfrac{14}{15} \times \dfrac{5}{7} = \left(\dfrac{\square}{4} \times \dfrac{\square}{15} \right) \times \dfrac{5}{7} = \dfrac{\square}{\square} \times \dfrac{5}{7} = \dfrac{\square}{\square}$

3 $1\dfrac{3}{5} \times 1\dfrac{1}{6} \times \dfrac{2}{7} = \dfrac{\square}{5} \times \dfrac{\square}{6} \times \dfrac{2}{7} = \left(\dfrac{\square}{5} \times \dfrac{\square}{6} \right) \times \dfrac{2}{7} = \dfrac{\square}{\square} \times \dfrac{2}{7} = \dfrac{\square}{\square}$

대분수 ➞ 가분수

분모끼리, 분자끼리 세 분수를 한꺼번에 곱하면 더 간단해요.

4 $\dfrac{2}{3} \times \dfrac{1}{4} \times \dfrac{3}{5} = \dfrac{\square \times \square \times \square}{\square \times \square \times \square} = \dfrac{\square}{\square}$

5 $\dfrac{1}{3} \times \dfrac{4}{9} \times 2\dfrac{1}{4} = \dfrac{1}{3} \times \dfrac{4}{9} \times \dfrac{\square}{4} = \dfrac{\square}{\square}$

6 $1\dfrac{2}{7} \times \dfrac{3}{10} \times \dfrac{5}{9} = \dfrac{\square}{7} \times \dfrac{3}{10} \times \dfrac{5}{9} = \dfrac{\square}{\square}$

7 $2\dfrac{5}{8} \times 1\dfrac{2}{3} \times 1\dfrac{1}{15} = \dfrac{\square}{8} \times \dfrac{\square}{3} \times \dfrac{\square}{15} = \dfrac{\square}{\square} = \square\dfrac{\square}{\square}$

보기 와 같이 계산해 보세요.

보기

$$\frac{5}{8}\times\frac{3}{5}\times\frac{6}{15}$$

방법1 $\frac{5}{8}\times\frac{3}{5}\times\frac{6}{15}=\left(\frac{\overset{1}{\cancel{5}}}{8}\times\frac{3}{\cancel{5}}\right)\times\frac{6}{15}=\frac{3}{\underset{4}{\cancel{8}}}\times\frac{\overset{3}{\cancel{6}}}{\underset{5}{\cancel{15}}}=\frac{3}{20}$

방법2 $\frac{\overset{1}{\cancel{5}}}{\underset{4}{\cancel{8}}}\times\frac{3}{\underset{1}{\cancel{5}}}\times\frac{\overset{3}{\cancel{6}}}{\underset{5}{\cancel{15}}}=\frac{3}{20}$

1 방법1

$$\frac{3}{4}\times\frac{2}{5}\times\frac{5}{12}=$$

2 방법2

$$1\frac{1}{6}\times\frac{5}{8}\times\frac{3}{7}=$$

3 방법1

$$\frac{5}{6}\times8\times\frac{4}{15}=$$

4 $\frac{3}{8}\times\frac{2}{5}+\frac{3}{10}=$

5 방법1

$$\frac{7}{12}\times1\frac{3}{5}\times\frac{6}{21}=$$

6 방법2

$$\frac{2}{7}\times1\frac{3}{4}\times1\frac{5}{10}=$$

7 $1\frac{2}{3}\times\frac{3}{10}+\frac{7}{15}=$

8 방법2

$$\frac{5}{9}\times3\frac{3}{7}\times2\frac{1}{4}=$$

9 방법1

$$\frac{4}{5}\times\frac{3}{8}\times2\frac{1}{12}=$$

10 방법2

$$1\frac{5}{8}\times1\frac{7}{14}\times2\frac{1}{3}=$$

✏️ 세 분수의 곱셈식을 쓰고 계산해 보세요.

 1   $\dfrac{3}{4}$ $\dfrac{2}{9}$ $\dfrac{4}{5}$

2   $\dfrac{7}{10}$ $\dfrac{5}{6}$ $1\dfrac{11}{14}$

3   $2\dfrac{1}{3}$ $1\dfrac{1}{15}$ $2\dfrac{5}{8}$

4   $4\dfrac{1}{2}$ $\dfrac{5}{12}$ $2\dfrac{2}{3}$

5   $2\dfrac{2}{5}$ $3\dfrac{3}{4}$ $\dfrac{7}{20}$

6   $3\dfrac{3}{4}$ $2\dfrac{1}{10}$ $1\dfrac{1}{7}$

7   $2\dfrac{1}{5}$ $1\dfrac{5}{22}$ $2\dfrac{2}{9}$

8   $1\dfrac{7}{8}$ $3\dfrac{1}{3}$ $1\dfrac{1}{15}$

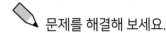

🖊 문제를 해결해 보세요.

① 수연이네 학급 문고는 $\frac{4}{7}$가 역사책이고, 그중에서 $\frac{5}{12}$는 한국사 책입니다. 한국사 책 중에 $\frac{3}{10}$은 만화책입니다. 만화로 된 한국사 책은 전체의 몇 분의 몇인가요?

식_____　　　답_____

② 넓이가 $780\frac{3}{10}$ cm²인 게시판이 있습니다. 게시판의 $\frac{5}{9}$는 행사 안내로 사용했고, 행사 안내 중 $\frac{3}{17}$은 도서관 행사 내용입니다. 물음에 답하세요.

(1) 게시판에서 행사 안내가 차지하는 넓이는 몇 cm²인가요?

식_____　　　답_____ cm²

(2) 게시판에서 도서관 행사 내용이 차지하는 부분은 전체의 얼마인가요?

식_____　　　답_____

(3) 게시판에서 도서관 행사 내용이 차지하는 넓이는 몇 cm²인가요?

식_____　　　답_____ cm²

개념 다시보기

✏️ 계산해 보세요.

1. $\dfrac{1}{2} \times \dfrac{3}{5} \times \dfrac{1}{4} =$

2. $\dfrac{4}{5} \times \dfrac{6}{8} \times \dfrac{2}{3} =$

3. $\dfrac{1}{3} \times \dfrac{4}{7} \times 1\dfrac{1}{2} =$

4. $\dfrac{2}{9} \times \dfrac{2}{5} \times \dfrac{3}{8} =$

5. $3\dfrac{3}{4} \times \dfrac{4}{5} \times 1\dfrac{5}{6} =$

6. $1\dfrac{1}{7} \times \dfrac{5}{6} \times \dfrac{3}{4} =$

7. $2\dfrac{1}{6} \times 2\dfrac{2}{5} \times \dfrac{5}{26} =$

8. $3\dfrac{1}{2} \times 1\dfrac{5}{11} \times 1\dfrac{3}{8} =$

도전해 보세요

1. 가로가 $4\dfrac{3}{8}$ cm, 세로가 $3\dfrac{3}{5}$ cm인 직사각형 모양의 타일을 60장 붙였습니다. 타일을 붙인 부분의 넓이는 몇 cm²인가요?

   (   ) cm²

2. 직사각형의 일부가 다음과 같을 때 크기가 1인 직사각형을 완성해 보세요.

   $\boxed{\dfrac{1}{3}}$ · · · · · · ·

   · · · · · · ·

   · · · · · · ·

분수의 곱셈으로

9단계 크기가 1인 직사각형 만들기

◀ 개념연결

5-2분수의 곱셈	5-2분수의 곱셈	5-2분수의 곱셈
(분수)×(자연수)	(자연수)×(분수)	(분수)×(분수)
$\frac{1}{6}\times3=\boxed{\frac{1}{2}}$	$2\times\frac{1}{3}=\boxed{\frac{2}{3}}$	$\frac{3}{5}\times1\frac{2}{3}=\boxed{1}$

크기가 1인
직사각형 만들기

$\frac{1}{4}\times4=\boxed{1}$

◀ 배운 것을 기억해 볼까요?

1 $\frac{3}{8}\times6=$

2 $8\times\frac{1}{4}=$

3 $\frac{3}{4}\times1\frac{1}{3}=$

크기가 1인 직사각형을 만들 수 있어요.

◀ 30초 개념 분수의 곱셈을 이용하여 크기가 1인 직사각형을 만들 수 있어요.

크기가 1인 직사각형 그리기

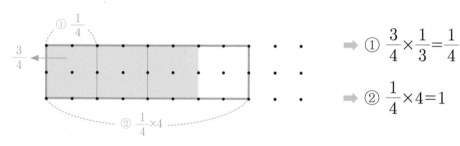

➡ ① $\frac{3}{4}\times\frac{1}{3}=\frac{1}{4}$

➡ ② $\frac{1}{4}\times4=1$

전체의 $\frac{3}{4}$이 색칠된 부분이므로 전체의 $\frac{1}{4}$을 찾고 그것을 4배 해요.

◀ 이런 방법도 있어요!

$\frac{(분자)}{(분모)}$에 $\frac{1}{(분자)}$을 곱하여 단위분수를
찾고, 분모의 수를 곱하면 1이 돼요.

$\frac{3}{4}$ ➡ $\frac{3}{4}\times\frac{1}{3}=\frac{1}{4}$ ➡ $\frac{1}{4}\times4=1$

$\underset{\text{(분자)}}{\underset{\downarrow}{1}}$ $\underset{\text{분모의 수}}{\downarrow}$

개념 익히기

✏️ 색칠된 도형을 보고 크기가 1인 원래 직사각형을 그려 보세요.

1 $\dfrac{1}{3}$

2 $\dfrac{1}{2}$

3 $\dfrac{1}{4}$

4 $\dfrac{2}{5}$

5 $\dfrac{3}{6}$

6 $\dfrac{2}{4}$

7 $\dfrac{1}{6}$

8 $\dfrac{4}{6}$

 덤

색칠된 부분이 가분수인 경우도 $\dfrac{1}{(분자)}$ 을 곱하여 단위분수를 찾고 분모의 수를 곱해요.

$\dfrac{3}{2}$ ➡ $\dfrac{1}{2}$ ➡ $\dfrac{1}{2}$ $\dfrac{1}{2}$

$\dfrac{1}{2} \times 2 = 1$

☐ 안에 알맞은 수를 써넣고 크기가 1인 원래 직사각형을 그려 보세요.

1 $\dfrac{2}{3}$ ➡ $\dfrac{2}{3} \times \dfrac{1}{2} \times \boxed{} = 1$

2 $\dfrac{1}{4}$ ➡ $\dfrac{1}{4} \times \boxed{} = 1$

3 $\dfrac{1}{6}$ ➡ $\dfrac{1}{6} \times \boxed{} = 1$

4 $\dfrac{1}{8}$ ➡ $\dfrac{1}{8} \times \boxed{} = 1$

5 $\dfrac{2}{4}$ ➡ $\dfrac{2}{4} \times \dfrac{1}{\boxed{}} \times 4 = 1$

6 $\dfrac{4}{3}$ ➡ $\dfrac{4}{3} \times \dfrac{1}{\boxed{}} \times 3 = 1$

7 $\dfrac{5}{2}$ ➡ $\dfrac{5}{2} \times \dfrac{1}{\boxed{}} \times 2 = 1$

8 $\dfrac{3}{4}$ ➡ $\dfrac{3}{4} \times \dfrac{1}{3} \times \boxed{} = 1$

주어진 분수가 1이 되게 하는 방법을 분수의 곱셈으로 나타내어 보세요.

1 $\dfrac{3}{5}$

$$\dfrac{3}{5} \times \dfrac{1}{3} = \dfrac{1}{5} \rightarrow \dfrac{1}{5} \times 5 = 1$$

2 $\dfrac{2}{3}$

3 $\dfrac{1}{4}$

4 $\dfrac{1}{6}$

5 $\dfrac{5}{6}$

6 $\dfrac{3}{7}$

7 $\dfrac{4}{3}$

8 $\dfrac{3}{2}$

개념 키우기

✏️ 문제를 해결해 보세요.

1 소연이가 도화지 2장을 이어 붙이고 오려서 남은 부분이 $1\frac{1}{2}$장일 때 도화지 한 장의 크기를 그려 보세요.

2 재희네 반은 모둠별로 나눠서 바닥에 색칠을 하기로 했습니다. 모둠별로 인원수에 따라 색칠하는 넓이가 다릅니다. 그림을 보고 물음에 답하세요.

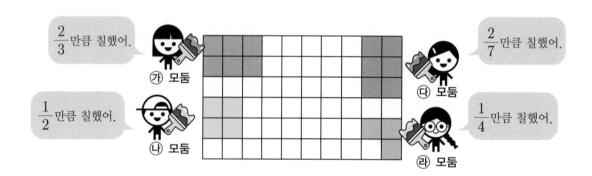

(1) ㉮, ㉯, ㉰, ㉱ 모둠이 각각 색칠해야 하는 부분을 위 칸에 모두 칠해 보세요.

(2) ㉮, ㉯, ㉰, ㉱ 모둠이 모두 색칠하고 남은 칸은 몇 칸인가요?

(   )칸

(3) 바닥을 가장 많이 색칠한 모둠은 어떤 모둠인가요?

(   ) 모둠

개념 다시보기

 색칠된 도형을 보고 크기가 1인 원래 직사각형을 그려 보세요.

1 $\frac{1}{4}$

2 $\frac{2}{3}$

3 $\frac{3}{5}$

4 $\frac{1}{3}$

5 $\frac{3}{4}$

6 $\frac{1}{6}$

도전해 보세요

1 직사각형 **가**와 **나**의 일부가 각각 다음과 같을 때, 직사각형 **가**와 **나**의 전체 크기를 비교해 보세요.

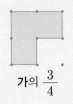 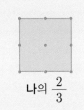

가의 $\frac{3}{4}$ 나의 $\frac{2}{3}$

가 ◯ 나

2 계산해 보세요.

(1) $0.2 \times 3 =$

(2) $0.4 \times 6 =$

개념연결

3-1분수와 소수	4-2소수의 덧셈과 뺄셈		5-2소수의 곱셈
분수로 나타내기	소수 사이의 관계	(1보다 작은 소수)×(자연수)	(1보다 큰 소수)×(자연수)
$0.3 = \dfrac{3}{10}$	$20.1\,\text{cm} = 0.201\,\text{m}$	$0.3 \times 5 = 1.5$	$1.2 \times 3 = 3.6$

배운 것을 기억해 볼까요?

1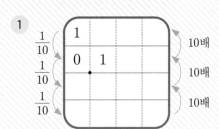

2 $1\dfrac{1}{3} \times \dfrac{2}{5} = \dfrac{\boxed{}}{3} \times \dfrac{2}{5} = \dfrac{\boxed{}}{\boxed{}}$

(1보다 작은 소수)×(자연수)를 할 수 있어요.

30초 개념 (1보다 작은 소수)×(자연수)는 0.1의 개수로 계산하거나 소수를 분수로 고쳐 계산할 수 있어요.

0.3×5의 계산

① 0.1의 개수로 계산하기

0.1	0.1	0.1
0.1	0.1	0.1
0.1	0.1	0.1
0.1	0.1	0.1
0.1	0.1	0.1

0.3×5
$= 0.1 \times 3 \times 5$
$= 0.1 \times 15$
$= 1.5$
└▶ 0.1이 15

② 분수의 곱셈으로 계산하기

$0.3 \times 5 = \dfrac{3}{10} \times 5$

$= \dfrac{3 \times 5}{10} = \dfrac{15}{10}$
$= 1.5$

이런 방법도 있어요!

덧셈을 이용하여 계산할 수 있어요.

$$0.3 \times 5 = 0.3 + 0.3 + 0.3 + 0.3 + 0.3 = 1.5$$
└▶ 5개

개념 익히기

 □ 안에 알맞은 수를 써넣으세요.

1 0.2×4

$= 0.1 \times \boxed{2} \times 4$

$= 0.1 \times \boxed{8}$

$= \boxed{}$

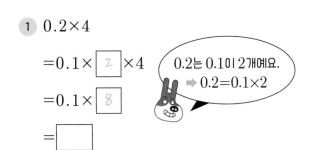
0.2는 0.1이 2개예요.
➡ 0.2=0.1×2

2 $0.3 \times 6 = \dfrac{\boxed{3}}{10} \times 6 = \dfrac{\boxed{3} \times \boxed{6}}{10}$

$= \dfrac{\boxed{}}{10} = \boxed{}$

3 $0.4 \times 3 = 0.1 \times \boxed{} \times 3$

$= 0.1 \times \boxed{}$

$= \boxed{}$

4 $0.5 \times 5 = \dfrac{\boxed{}}{10} \times 5 = \dfrac{\boxed{} \times \boxed{}}{10}$

$= \dfrac{\boxed{}}{10} = \boxed{}$

5 $0.6 \times 7 = 0.1 \times \boxed{} \times 7$

$= 0.1 \times \boxed{}$

$= \boxed{}$

6 $0.7 \times 8 = \dfrac{\boxed{}}{10} \times 8 = \dfrac{\boxed{} \times \boxed{}}{10}$

$= \dfrac{\boxed{}}{10} = \boxed{}$

7 $0.6 \times 9 = 0.1 \times \boxed{} \times 9$

$= 0.1 \times \boxed{}$

$= \boxed{}$

8 $0.9 \times 7 = \dfrac{\boxed{}}{10} \times 7 = \dfrac{\boxed{} \times \boxed{}}{10}$

$= \dfrac{\boxed{}}{10} = \boxed{}$

□ 안에 알맞은 수를 써넣으세요.

1 $0.15 \times 3 = 0.01 \times \boxed{} \times 3$

$ = 0.01 \times \boxed{} = \boxed{}$

2 $0.19 \times 4 = \dfrac{\boxed{}}{100} \times 4 = \dfrac{\boxed{} \times 4}{100}$

$ = \dfrac{\boxed{}}{100} = \boxed{}$

3 $0.23 + 5 =$

4 $0.27 \times 6 = \dfrac{\boxed{}}{100} \times 6 = \dfrac{\boxed{} \times 6}{100}$

$ = \dfrac{\boxed{}}{100} = \boxed{}$

5 $0.32 \times 4 = 0.01 \times \boxed{} \times 4$

$ = 0.01 \times \boxed{} = \boxed{}$

6 $0.37 \times 7 = \dfrac{\boxed{}}{100} \times 7 = \dfrac{\boxed{} \times 7}{100}$

$ = \dfrac{\boxed{}}{100} = \boxed{}$

7 $0.46 \times 6 = 0.01 \times \boxed{} \times 6$

$ = 0.01 \times \boxed{} = \boxed{}$

8 $0.58 + 9 =$

9 $0.63 \times 7 = 0.01 \times \boxed{} \times 7$

$ = 0.01 \times \boxed{} = \boxed{}$

10 $0.72 \times 8 = \dfrac{\boxed{}}{100} \times 8 = \dfrac{\boxed{} \times 8}{100}$

$ = \dfrac{\boxed{}}{100} = \boxed{}$

식을 쓰고 답을 구해 보세요.

1

$0.6 \times 3 = 1.8$

2

3

4

5
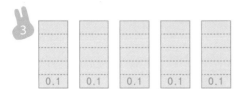

6
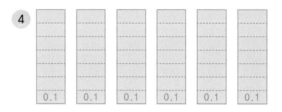

7
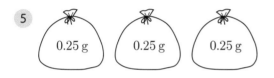

8
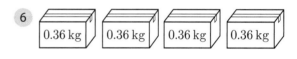

9
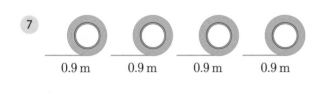

10
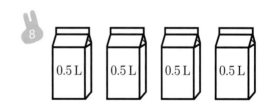

문제를 해결해 보세요.

1 소리는 공기 중에서 1초에 0.34 km를 간다고 합니다. 수민이가 번개를 본 후 6초 뒤에 천둥소리를 들었다면 수민이가 있는 곳은 번개가 친 곳에서 몇 km 떨어져 있는지 구해 보세요.

식_____ 답_____ km

2 우리나라 돈 1000원을 환전하면 다음과 같습니다. 그림을 보고 물음에 답하세요.

1000	대한민국(원)
0.75	유럽 연합(유로)
0.82	스위스(프랑)

(1) 우리나라 돈 3000원을 유로로 환전하면 얼마인가요?

식_____ 답_____유로

(2) 우리나라 돈 5000원을 프랑으로 환전하면 얼마인가요?

식_____ 답_____프랑

✏️ ☐ 안에 알맞은 수를 써넣으세요.

1 $0.3×6=0.1×\boxed{}×6$

$=0.1×\boxed{}=\boxed{}$

2 $0.6×4=\dfrac{\boxed{}}{10}×4$

$=\dfrac{\boxed{}}{10}=\boxed{}$

3 $0.4×7=0.1×\boxed{}×7$

$=0.1×\boxed{}=\boxed{}$

4 $0.19×4=\dfrac{\boxed{}}{100}×4$

$=\dfrac{\boxed{}}{100}=\boxed{}$

5 $0.5×5=0.1×\boxed{}×5$

$=0.1×\boxed{}=\boxed{}$

6 $0.23×5=\dfrac{\boxed{}}{100}×5$

$=\dfrac{\boxed{}}{100}=\boxed{}$

도전해 보세요

1 정육각형의 둘레의 길이는 몇 m인가요?

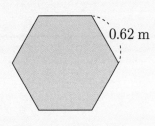

0.62 m

(   )m

2 계산해 보세요.

(1) $1.2×2=$

(2) $2.3×3=$

개념연결

4-2 소수의 덧셈과 뺄셈	5-2 소수의 곱셈		5-2 소수의 곱셈
소수 사이의 관계	(1보다 작은 소수)×(자연수)	(1보다 큰 소수)×(자연수)	(자연수)×(1보다 큰 소수)
20.1 cm=$\boxed{0.201}$ m	0.3×5=$\boxed{1.5}$	1.2×3=$\boxed{3.6}$	3×1.5=$\boxed{4.5}$

배운 것을 기억해 볼까요?

1. 0.6×4=

2. 0.7×5=

(1보다 큰 소수)×(자연수)를 할 수 있어요.

30초 개념

(1보다 큰 소수)×(자연수)는 0.1의 개수를 이용하거나 소수를 분수로 고쳐 계산할 수 있어요.

1.2×3의 계산

① 0.1의 개수로 계산하기

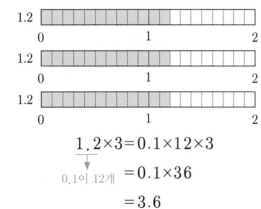

$$1.2 \times 3 = 0.1 \times 12 \times 3$$

0.1이 12개
$$= 0.1 \times 36$$
$$= 3.6$$

② 분수의 곱셈으로 계산하기

$$1.2 \times 3 = \frac{12}{10} \times 3$$
$$= \frac{12 \times 3}{10}$$
$$= \frac{36}{10}$$
$$= 3.6$$

이런 방법도 있어요!

덧셈을 이용하여 계산할 수 있어요.

$$1.2 \times 3 = 1.2 + 1.2 + 1.2 = 3.6$$
3개

개념 익히기

✏️ ☐ 안에 알맞은 수를 써넣으세요.

1 1.2×4

$= 0.1 \times \boxed{12} \times 4$

$= 0.1 \times \boxed{48}$

$= \boxed{}$

1.2는 0.1이 12개예요.
➡ 1.2=0.1×12

2 1.3×6

$= \dfrac{\boxed{13}}{10} \times 6 = \dfrac{\boxed{13} \times \boxed{6}}{10}$

$= \dfrac{\boxed{}}{10} = \boxed{}$

3 $2.4 \times 3 = 0.1 \times \boxed{} \times 3$

$= 0.1 \times \boxed{}$

$= \boxed{}$

4 $2.5 \times 5 = \dfrac{\boxed{}}{10} \times 5 = \dfrac{\boxed{} \times \boxed{}}{10}$

$= \dfrac{\boxed{}}{10} = \boxed{}$

5 $3.6 \times 7 = 0.1 \times \boxed{} \times 7$

$= 0.1 \times \boxed{}$

$= \boxed{}$

6 $3.7 \times 8 = \dfrac{\boxed{}}{10} \times 8 = \dfrac{\boxed{} \times \boxed{}}{10}$

$= \dfrac{\boxed{}}{10} = \boxed{}$

7 $4.8 \times 9 = 0.1 \times \boxed{} \times 9$

$= 0.1 \times \boxed{}$

$= \boxed{}$

8 $4.9 \times 7 = \dfrac{\boxed{}}{10} \times 7 = \dfrac{\boxed{} \times \boxed{}}{10}$

$= \dfrac{\boxed{}}{10} = \boxed{}$

☐안에 알맞은 수를 써넣으세요.

1 $2.2×3=0.1×\boxed{}×3$

$=0.1×\boxed{}=\boxed{}$

2 $3.8×2=\dfrac{\boxed{}}{10}×2=\dfrac{\boxed{}×2}{10}$

$=\dfrac{\boxed{}}{10}=\boxed{}$

3 $1.43×4=0.01×\boxed{}×4$

$=0.01×\boxed{}=\boxed{}$

4 $2.15×5=\dfrac{\boxed{}}{100}×5=\dfrac{\boxed{}×5}{100}$

$=\dfrac{\boxed{}}{100}=\boxed{}$

5 $3.52+6=$

6 $4.31×4=\dfrac{\boxed{}}{100}×4=\dfrac{\boxed{}×4}{100}$

$=\dfrac{\boxed{}}{100}=\boxed{}$

7 $5.26×7=0.01×\boxed{}×7$

$=0.01×\boxed{}=\boxed{}$

8 $7.42+9=$

9 $6.17×5=0.01×\boxed{}×5$

$=0.01×\boxed{}=\boxed{}$

10 $8.53×8=\dfrac{\boxed{}}{100}×8=\dfrac{\boxed{}×8}{100}$

$=\dfrac{\boxed{}}{100}=\boxed{}$

곱셈식을 쓰고 계산해 보세요.

1 3.4+3.4+3.4

➡ 3.4×3=10.2

2 2.7+2.7+2.7+2.7

➡ _____

 3 1.9+1.9+1.9+1.9+1.9

➡ _____

4 5.2+5.2+5.2

➡ _____

5 4.25+4.25+4.25+4.25

➡ _____

6 3.61+3.61

➡ _____

7 6.32+6.32+6.32+6.32

➡ _____

8 7.15+7.15+7.15

➡ _____

 9 8.19+8.19+8.19+8.19+8.19+8.19+8.19

➡ _____

10 9.41+9.41+9.41+9.41+9.41+9.41

➡ _____

문제를 해결해 보세요.

① 민준이네 가족은 우유를 하루에 1.5 L씩 마십니다. 민준이네 가족이 일주일 동안 마신 우유의 양은 몇 L인가요?

식_____ 답_____L

② 가인이와 친구들이 리본을 사용하여 선물을 포장했습니다. 물음에 답하세요.

나는 선물 한 개를 포장하는 데 리본을 1.7 m씩 사용했어.
가인

나는 선물 한 개를 포장하는 데 리본을 1.4 m씩 사용했어.
주연

나는 선물 한 개를 포장하는 데 리본을 1.1 m씩 사용했어.
민지

(1) 가인이가 선물 3개를 포장하는 데 사용한 리본의 길이는 몇 m인가요?

식_____ 답_____m

(2) 주연이가 선물 4개를 포장하는 데 사용한 리본의 길이는 몇 m인가요?

식_____ 답_____m

(3) 민지가 선물 5개를 포장하는 데 사용한 리본의 길이는 몇 m인가요?

식_____ 답_____m

(4) 선물을 포장하는 데 사용한 리본의 길이가 가장 긴 사람은 누구인가요?

( )

개념 다시보기

✎ ☐ 안에 알맞은 수를 써넣으세요.

1. $1.5 \times 3 = 0.1 \times \boxed{} \times 3$

　　　　$= 0.1 \times \boxed{} = \boxed{}$

2. $4.3 \times 5 = \dfrac{\boxed{}}{10} \times 5$

　　　　$= \dfrac{\boxed{}}{10} = \boxed{}$

3. $2.4 \times 2 = 0.1 \times \boxed{} \times 2$

　　　　$= 0.1 \times \boxed{} = \boxed{}$

4. $2.15 \times 3 = \dfrac{\boxed{}}{100} \times 3$

　　　　$= \dfrac{\boxed{}}{100} = \boxed{}$

5. $3.2 \times 6 = 0.1 \times \boxed{} \times 6$

　　　　$= 0.1 \times \boxed{} = \boxed{}$

6. $3.43 \times 5 = \dfrac{\boxed{}}{100} \times 5$

　　　　$= \dfrac{\boxed{}}{100} = \boxed{}$

도전해 보세요

1. 규영이는 일주일 동안 운동장 1.5 km 달리기를 2회, 둘레길 2.4 km 걷기를 3회 했습니다. 규영이가 일주일 동안 운동한 거리는 몇 km인가요?

(　　　　　　　) km

2. 계산해 보세요.

(1) $2 \times 0.4 =$

(2) $6 \times 0.2 =$

개념연결

5-2소수의 곱셈	5-2소수의 곱셈		5-2소수의 곱셈
(1보다 작은 소수)×(자연수)	(1보다 큰 소수)×(자연수)	(자연수)×(1보다 작은 소수)	(자연수)×(1보다 큰 소수)
$0.3 \times 5 = \boxed{1.5}$	$1.2 \times 3 = \boxed{3.6}$	$3 \times 0.9 = \boxed{2.7}$	$5 \times 1.5 = \boxed{7.5}$

배운 것을 기억해 볼까요?

1 $0.7 \times 8 =$

2 $3.2 \times 3 =$

(자연수)×(1보다 작은 소수)를 할 수 있어요.

30초 개념 (자연수)×(1보다 작은 소수)는 소수를 분수로 나타내어 계산하거나 소수를 자연수처럼 계산한 후에 소수점을 맞춰 찍어요.

3×0.9의 계산

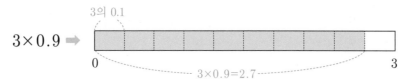

3의 0.1

$3 \times 0.9 \Rightarrow$

0   3

$3 \times 0.9 = 2.7$

0.9는 1보다 작으므로
3×0.9의 값은 $3 \times 1 = 3$보다 작아요.

① 분수의 곱셈으로 계산하기

$$3 \times 0.9 = 3 \times \frac{9}{10} = \frac{3 \times 9}{10} = \frac{27}{10} = 2.7$$

② 자연수의 곱셈으로 계산하기

$$3 \quad \times \quad 9 \quad = \quad 27$$

$\frac{1}{10}$ $\frac{1}{10}$

$$3 \quad \times \quad 0.9 \quad = \quad 2.7$$

개념 익히기

 □ 안에 알맞은 수를 써넣으세요.

말풍선: 곱하는 소수의 소수점 위치에 맞추어 곱의 결과에 소수점을 찍어요.

① $2 \times 0.6 = 2 \times \dfrac{\boxed{6}}{10} = \dfrac{2 \times \boxed{6}}{10}$

$= \dfrac{\boxed{}}{10} = \boxed{}$

② 4×0.8

$4 \quad \times \quad 8 \ = \ \boxed{32}$

$\downarrow \frac{1}{10} \qquad\qquad \frac{1}{10}$

$4 \quad \times \quad 0.8 \ = \ \boxed{}$

③ $7 \times 0.5 = 7 \times \dfrac{\boxed{}}{10} = \dfrac{7 \times \boxed{}}{10}$

$= \dfrac{\boxed{}}{10} = \boxed{}$

④ 13×0.7

$13 \ \times \ \ 7 \ = \ \boxed{}$

$13 \ \times \ 0.7 \ = \ \boxed{}$

⑤ $21 \times 0.9 = 21 \times \dfrac{\boxed{}}{10} = \dfrac{21 \times \boxed{}}{10}$

$= \dfrac{\boxed{}}{10} = \boxed{}$

⑥ 35×0.3

$35 \ \times \ \ 3 \ = \ \boxed{}$

$35 \ \times \ 0.3 \ = \ \boxed{}$

⑦ $12 \times 0.34 = 12 \times \dfrac{\boxed{}}{100} = \dfrac{12 \times \boxed{}}{100}$

$= \dfrac{\boxed{}}{100} = \boxed{}$

⑧ 27×0.06

$27 \ \times \ \ 6 \ = \ \boxed{}$

$27 \ \times \ 0.06 \ = \ \boxed{}$

 덤

$$4 \times 0.8 \implies \begin{array}{r} 4 \\ \times \ 8 \\ \hline 3\,2 \end{array} \implies \begin{array}{r} 4 \\ \times\,0.8 \\ \hline 3\,2 \end{array}$$

소수점은 곱하는 소수의 소수점 위치에 맞추어 찍어요.

✏️ ☐ 안에 알맞은 수를 써넣으세요.

1 $6 \times 0.3 = 6 \times \dfrac{\boxed{}}{10} = \dfrac{6 \times \boxed{}}{10}$

$= \dfrac{\boxed{}}{10} = \boxed{}$

2 9×0.5

$9 \ \times \ 5 \ = \boxed{}$

$9 \ \times \ 0.5 \ = \boxed{}$

3 $12 \times 0.4 = 12 \times \dfrac{\boxed{}}{10}$

$= \dfrac{\boxed{}}{10} = \boxed{}$

4 26×0.7

$26 \ \times \ 7 \ = \boxed{}$

$26 \ \times \ 0.7 \ = \boxed{}$

5 $23 \times 0.25 = 23 \times \dfrac{\boxed{}}{100}$

$= \dfrac{\boxed{}}{100} = \boxed{}$

6 19×0.33

$19 \ \times \ 33 \ = \boxed{}$

$19 \ \times \ 0.33 \ = \boxed{}$

7 $52 \times 0.03 = 52 \times \dfrac{\boxed{}}{100}$

$= \dfrac{\boxed{}}{100} = \boxed{}$

8 64×0.17

$64 \ \times \ 17 \ = \boxed{}$

$64 \ \times \ 0.17 \ = \boxed{}$

9 $75 \times 0.23 = 75 \times \dfrac{\boxed{}}{100}$

$= \dfrac{\boxed{}}{100} = \boxed{}$

10 92×0.19

$92 \ \times \ 19 \ = \boxed{}$

$92 \ \times \ 0.19 \ = \boxed{}$

계산해 보세요.

1. 3×0.4

2. 5×0.9

3. 9×0.7

4. 80×0.9

5. 14×0.6

6. 22×0.8

7. 2×0.38

8. 7×0.12

9. 8×0.18

10. 15×0.23

11. 14×0.32

12. 32×0.17

개념 키우기

✎ 문제를 해결해 보세요.

1 배의 무게는 3 kg이고, 사과의 무게는 배의 무게의 0.75배입니다.
사과의 무게는 몇 kg인가요?

식_____ 답_____ kg

2 정하의 몸무게는 52 kg입니다. 사람이 지구 밖 행성에 가면 그 사람의 몸무게에 그 행성의 표면중력을 곱한 만큼의 무게만 나갑니다. 표를 보고 물음에 답하세요.

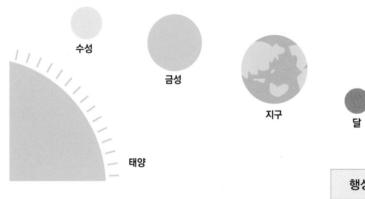

각 행성의 표면중력

행성	지구	달	수성	금성
표면중력	1	0.17	0.38	0.91

(1) 정하의 몸무게는 달에서 몇 kg인가요?

식_____ 답_____ kg

(2) 정하의 몸무게는 수성에서 몇 kg인가요?

식_____ 답_____ kg

(3) 정하의 몸무게는 금성에서 몇 kg인가요?

식_____ 답_____ kg

표면중력(surface gravity)이란?
천체 표면의 중력 크기를 말해요.

082

개념 다시보기

✏️ ☐ 안에 알맞은 수를 써넣으세요.

1 $5 \times 0.3 = 5 \times \dfrac{\boxed{}}{10}$

$= \dfrac{\boxed{}}{10} = \boxed{}$

2 13×0.6

$13 \times 6 = \boxed{}$

$13 \times 0.6 = \boxed{}$

3 $7 \times 0.4 = 7 \times \dfrac{\boxed{}}{10}$

$= \dfrac{\boxed{}}{10} = \boxed{}$

4 21×0.7

$21 \times 7 = \boxed{}$

$21 \times 0.7 = \boxed{}$

5 $9 \times 0.4 = 9 \times \dfrac{\boxed{}}{10}$

$= \dfrac{\boxed{}}{10} = \boxed{}$

6 3×0.42

$3 \times 42 = \boxed{}$

$3 \times 0.42 = \boxed{}$

도전해 보세요

1 바닥에 가로가 15 cm, 세로가 9.5 cm 인 직사각형 모양의 타일 10개를 빈틈 없이 겹치지 않도록 붙였습니다. 바닥 에 타일을 붙인 부분의 넓이는 몇 cm² 인가요?

(   ) cm²

2 계산해 보세요.

(1) $5 \times 1.3 =$

(2) $9 \times 2.4 =$

개념연결

5-2소수의 곱셈	5-2소수의 곱셈		5-2소수의 곱셈
(소수)×(자연수)	(자연수)×(1보다 작은 소수)	(자연수)×(1보다 큰 소수)	(소수)×(소수)
1.2×3=$\boxed{3.6}$	3×0.9=$\boxed{2.7}$	5×2.5=$\boxed{12.5}$	0.7×0.9=$\boxed{0.63}$

배운 것을 기억해 볼까요?

1 $0.4×9=$ 2 $1.2×7=$ 3 $32×0.6=$

(자연수)×(1보다 큰 소수)를 할 수 있어요.

30초 개념

(자연수)×(1보다 큰 소수)는 소수를 분수로 나타내어 계산하거나
소수를 자연수처럼 계산한 후에 소수점을 맞춰 찍어요.

5×2.5의 계산

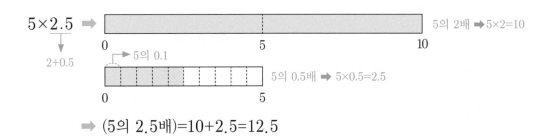

$5×2.5$
↓
$2+0.5$

5의 2배 ➡ 5×2=10

5의 0.1

5의 0.5배 ➡ 5×0.5=2.5

➡ (5의 2.5배)=10+2.5=12.5

① 분수의 곱셈으로 계산하기

$$5×2.5=5×\frac{25}{10}=\frac{5×25}{10}=\frac{125}{10}=12.5$$

② 자연수의 곱셈으로 계산하기

$$5 × 25 = 125$$

$\frac{1}{10}$ $\frac{1}{10}$

$$5 × 2.5 = 12.5$$

✏️ ☐ 안에 알맞은 수를 써넣으세요.

곱하는 수의 소수점 위치에 맞추어 곱의 결과에 소수점을 찍어요.

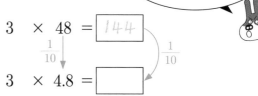

① $4 \times 2.4 = 4 \times \dfrac{\boxed{24}}{10} = \dfrac{4 \times \boxed{24}}{10}$

$= \dfrac{\boxed{}}{10} = \boxed{}$

② 3×4.8

$3 \quad \times \quad 48 = \boxed{144}$

$\xrightarrow{\frac{1}{10}} \qquad\qquad \frac{1}{10}$

$3 \quad \times \quad 4.8 = \boxed{}$

③ $8 \times 5.3 = 8 \times \dfrac{\boxed{}}{10} = \dfrac{8 \times \boxed{}}{10}$

$= \dfrac{\boxed{}}{10} = \boxed{}$

④ 12×2.7

$12 \quad \times \quad 27 = \boxed{}$

$12 \quad \times \quad 2.7 = \boxed{}$

⑤ $16 \times 7.9 = 16 \times \dfrac{\boxed{}}{10} = \dfrac{16 \times \boxed{}}{10}$

$= \dfrac{\boxed{}}{10} = \boxed{}$

⑥ 9×3.12

$9 \quad \times \quad 312 = \boxed{}$

$9 \quad \times \quad 3.12 = \boxed{}$

⑦ $32 \times 1.06 = 32 \times \dfrac{\boxed{}}{100} = \dfrac{32 \times \boxed{}}{100}$

$= \dfrac{\boxed{}}{100} = \boxed{}$

⑧ 45×2.45

$45 \quad \times \quad 245 = \boxed{}$

$45 \quad \times \quad 2.45 = \boxed{}$

 덤

곱셈은 순서를 바꿔서 곱해도 결과가 같아요.

$$4 \times 2.4 = 4 \times \dfrac{24}{10} = \dfrac{4 \times 24}{10} = \dfrac{96}{10} = 9.6$$

$$2.4 \times 4 = \dfrac{24}{10} \times 4 = \dfrac{24 \times 4}{10} = \dfrac{96}{10} = 9.6$$

결과가 같아요.

□ 안에 알맞은 수를 써넣으세요.

1 $3 \times 1.6 = 3 \times \dfrac{\boxed{}}{10}$

$= \dfrac{\boxed{}}{10} = \boxed{}$

2 7×4.2

$7 \times 42 = \boxed{}$

$7 \times 4.2 = \boxed{}$

3 $9 \times 1.05 = 9 \times \dfrac{\boxed{}}{100}$

$= \dfrac{\boxed{}}{100} = \boxed{}$

4 4×3.21

$4 \times 321 = \boxed{}$

$4 \times 3.21 = \boxed{}$

5 $11 + 2.46 =$

6 12×1.42

$12 \times 142 = \boxed{}$

$12 \times 1.42 = \boxed{}$

7 $69 \times 1.2 = 69 \times \dfrac{\boxed{}}{10}$

$= \dfrac{\boxed{}}{10} = \boxed{}$

8 $17 + 12.5 =$

9 $20 \times 3.08 = 20 \times \dfrac{\boxed{}}{100}$

$= \dfrac{\boxed{}}{100} = \boxed{}$

10 34×12.4

$34 \times 124 = \boxed{}$

$34 \times 12.4 = \boxed{}$

계산해 보세요.

1 4 × 2.6

			4
×		2 . 6
		2	4
		8	
	1	0 . 4

2 7 × 2.5

3 9 × 3.4

4 12 × 5.6

5 16 × 6.2

6 25 × 2.7

7 32 × 20.4

8 20 × 1.03

9 23 × 1.15

문제를 해결해 보세요.

1 윤이가 빵을 만드는 데 설탕을 15 mL짜리 계량스푼으로 네 스푼 반을 넣었습니다.
윤이가 사용한 설탕의 양은 몇 mL인가요?

식_____   답_____ mL

2 영미와 수민이는 둘레가 328 m인 호수공원에서 달리기를 했습니다.
물음에 답하세요.

(1) 영미는 이 호수의 둘레를 3바퀴 반 달렸습니다.
영미가 달리기를 한 거리는 몇 m인가요?

식_____   답_____ m

(2) 수민이는 영미의 1.2배만큼 달렸습니다.
수민이가 달리기를 한 거리는 몇 m인가요?

식_____   답_____ m

개념 다시보기

 ☐ 안에 알맞은 수를 써넣으세요.

1 $2 \times 3.2 = 2 \times \dfrac{\boxed{}}{10}$

$= \dfrac{\boxed{}}{10} = \boxed{}$

2 12×2.7

$12 \times 27 = \boxed{}$

$12 \times 2.7 = \boxed{}$

3 $5 \times 5.5 = 5 \times \dfrac{\boxed{}}{10}$

$= \dfrac{\boxed{}}{10} = \boxed{}$

4 21×2.05

$21 \times 205 = \boxed{}$

$21 \times 2.05 = \boxed{}$

5 $8 \times 9.4 = 8 \times \dfrac{\boxed{}}{10}$

$= \dfrac{\boxed{}}{10} = \boxed{}$

6 49×1.13

$49 \times 113 = \boxed{}$

$49 \times 1.13 = \boxed{}$

도전해 보세요

1 물이 1분에 6 L씩 일정하게 나오는 수도가 있습니다. 이 수도에서 9분 30초 동안 나오는 물은 몇 L인가요?

(   ) L

2 계산해 보세요.

(1) $0.2 \times 0.3 =$

(2) $0.5 \times 0.7 =$

개념연결

5-2소수의 곱셈	5-2소수의 곱셈	1보다 작은 소수끼리의 곱셈	5-2소수의 곱셈
(소수)×(자연수)	(자연수)×(소수)		곱의 소수점 위치
$1.2×3=\boxed{3.6}$	$5×2.5=\boxed{12.5}$	$0.5×0.9=\boxed{0.45}$	$7×6=42$ $0.7×0.6=\boxed{0.42}$ $0.7×0.06=\boxed{0.042}$ $0.07×0.6=\boxed{0.042}$

배운 것을 기억해 볼까요?

1 $1.4×16=$

2 $7×0.15=$

1보다 작은 소수끼리의 곱셈을 할 수 있어요.

30초 개념 1보다 작은 소수끼리 곱한 값은 항상 1보다 작아요. 이때 곱의 소수점 위치는 곱하는 두 소수의 소수점 아래 자리 수를 더한 값과 같아요.

$0.5×0.9$의 계산

① 분수의 곱셈으로 계산하기

$$0.5×0.9=\frac{5}{10}×\frac{9}{10}=\frac{5×9}{10×10}$$
$$=\frac{45}{100}=0.45$$

② 자연수의 곱셈으로 계산하기

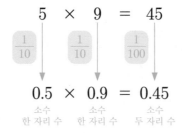

$$5 \quad × \quad 9 \quad = \quad 45$$

$\frac{1}{10}$ \qquad $\frac{1}{10}$ \qquad $\frac{1}{100}$

$$0.5 \quad × \quad 0.9 \quad = \quad 0.45$$
소수 한 자리 수 \quad 소수 한 자리 수 \quad 소수 두 자리 수

이런 방법도 있어요!

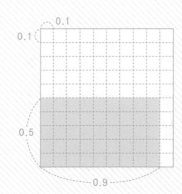

$$0.5×0.9=0.45$$

(모눈 한 칸의 넓이는 0.01이에요.
색칠된 모눈 칸은 45칸이므로 0.45예요.)

개념 익히기

✏️ ☐ 안에 알맞은 수를 써넣으세요.

곱하는 두 소수의 소수점 아래 자리 수를 더한 값만큼 곱의 결과값에 소수점을 찍어요.

① $0.2 \times 0.4 = \dfrac{\boxed{2}}{10} \times \dfrac{\boxed{4}}{10}$

$= \dfrac{\boxed{}}{100} = \boxed{}$

② 0.8×0.7

$8 \times 7 = \boxed{56}$

$\dfrac{1}{10} \downarrow \quad \dfrac{1}{10} \downarrow \qquad \dfrac{1}{100}$

$0.8 \times 0.7 = \boxed{}$

③ $0.3 \times 0.12 = \dfrac{\boxed{}}{10} \times \dfrac{\boxed{}}{100}$

$= \dfrac{\boxed{}}{1000} = \boxed{}$

④ 0.14×0.6

$14 \times 6 = \boxed{}$

$0.14 \times 0.6 = \boxed{}$

⑤ $0.56 \times 0.4 = \dfrac{56}{\boxed{}} \times \dfrac{4}{\boxed{}}$

$= \dfrac{\boxed{}}{\boxed{}} = \boxed{}$

⑥ 0.7×0.32

$7 \times 32 = \boxed{}$

$0.7 \times 0.32 = \boxed{}$

⑦ $0.34 \times 0.5 = \dfrac{34}{\boxed{}} \times \dfrac{\boxed{}}{10}$

$= \dfrac{\boxed{}}{\boxed{}} = \boxed{}$

⑧ 0.65×0.8

$65 \times 8 = \boxed{}$

$0.65 \times 0.8 = \boxed{}$

 덤

소수점 아래 끝자리 0은 생략해서 나타내요.

$$0.8 \times 0.05 = 0.040 \quad 0.04$$

□ 안에 알맞은 수를 써넣으세요.

① $0.4 \times 0.6 = \dfrac{\boxed{}}{10} \times \dfrac{6}{\boxed{}}$

$= \dfrac{\boxed{}}{\boxed{}} = \boxed{}$

② 0.7×0.12

$7 \times 12 = \boxed{}$

$0.7 \times 0.12 = \boxed{}$

③ $0.8 + 0.09 =$

④ 0.25×0.4

$25 \times 4 = \boxed{}$

$0.25 \times 0.4 = \boxed{}$

⑤ $0.06 \times 0.33 = \dfrac{6}{\boxed{}} \times \dfrac{33}{\boxed{}}$

$= \dfrac{\boxed{}}{\boxed{}} = \boxed{}$

⑥ $0.63 + 0.15 =$

⑦ $0.19 \times 0.27 = \dfrac{\boxed{}}{100} \times \dfrac{27}{\boxed{}}$

$= \dfrac{\boxed{}}{\boxed{}} = \boxed{}$

⑧ 0.35×0.52

$35 \times 52 = \boxed{}$

$0.35 \times 0.52 = \boxed{}$

⑨ $0.3 \times 0.34 = \dfrac{\boxed{}}{10} \times \dfrac{34}{\boxed{}}$

$= \dfrac{\boxed{}}{\boxed{}} = \boxed{}$

⑩ 0.2×0.57

$2 \times 57 = \boxed{}$

$0.2 \times 0.57 = \boxed{}$

계산해 보세요.

1 0.4×0.2

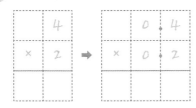

2 0.6×0.5

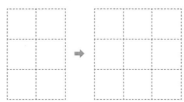

3 0.6×0.6

4 0.7×0.9

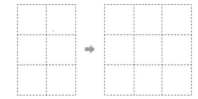

5 0.2×0.09

6 0.4×0.06

7 0.31×0.23

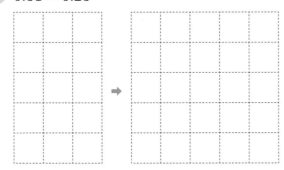

8 0.16×0.25

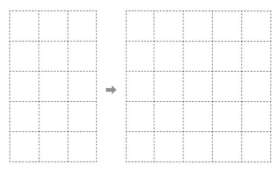

개념 키우기

✎ 문제를 해결해 보세요.

1 설탕물 1 L에 설탕 0.62 kg이 녹아 있습니다.

같은 설탕물 0.4 L에 녹아 있는 설탕은 몇 kg인가요?

식_____ 답_____ kg

2 우리나라의 산림은 국토의 약 0.6만큼을 차지하고 있으며,

산림의 0.4만큼이 침엽수림입니다.

침엽수림의 약 0.31에는 소나무가 분포되어 있다고 합니다.

물음에 답하세요.

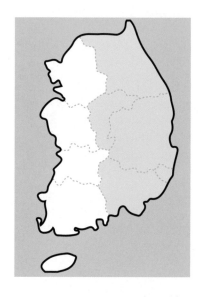

(1) 우리나라 국토에서 침엽수림이 차지하는 부분은 전체의 얼마인지

소수로 나타내어 보세요.

식_____ 답_____

(2) 우리나라 국토에서 소나무가 차지하는 부분은 전체의 얼마인지

소수로 나타내어 보세요.

식_____ 답_____

개념 다시보기

✏️ ☐ 안에 알맞은 수를 써넣으세요.

1 $0.2 \times 0.7 = \dfrac{\boxed{}}{10} \times \dfrac{\boxed{}}{10}$

$= \dfrac{\boxed{}}{100} = \boxed{}$

2 $0.15 \times 0.4 = \dfrac{15}{\boxed{}} \times \dfrac{\boxed{}}{10}$

$= \dfrac{\boxed{}}{\boxed{}} = \boxed{}$

3 0.3×0.45

$3 \times 45 = \boxed{}$

$0.3 \times 0.45 = \boxed{}$

4 0.06×0.7

$6 \times 7 = \boxed{}$

$0.06 \times 0.7 = \boxed{}$

5 0.19×0.21

$19 \times 21 = \boxed{}$

$0.19 \times 0.21 = \boxed{}$

6

	0 . 6
×	0 . 6

7

	0 . 2 7
×	0 . 9

8

	0 . 8
×	0 . 1 4

도전해 보세요

1 0.08×0.5를 계산기에 입력하다가 한 소수의 소수점 위치를 잘못 입력하였더니 그림과 같은 결과가 나왔습니다. 어떤 두 소수를 입력하였는지 구해 보세요.

(   )

2 계산해 보세요.

(1) $1.2 \times 1.3 =$

(2) $1.5 \times 2.5 =$

개념연결

5-2소수의 곱셈	5-2소수의 곱셈		5-2소수의 곱셈
(소수)×(자연수)	(자연수)×(소수)	(소수)×(소수)	곱의 소수점 위치
$1.2×3=\boxed{3.6}$	$5×2.5=\boxed{12.5}$	$1.6×2.3=\boxed{3.68}$	$7×6=42$ $0.7×0.6=\boxed{0.42}$ $0.7×0.06=\boxed{0.042}$ $0.07×0.6=\boxed{0.042}$

배운 것을 기억해 볼까요?

1 $0.3×5=$ 2 $5×3.5=$ 3 $0.3×0.15=$

1보다 큰 소수끼리의 곱셈을 할 수 있어요.

30초 개념

1보다 큰 소수끼리 곱한 값은 항상 1보다 커요. 소수끼리 곱했을 때 곱의 소수점 위치는 곱하는 두 소수의 소수점 아래 자리 수를 더한 값과 같아요.

1.6×2.3의 계산

① 분수의 곱셈으로 계산하기

$$1.6×2.3=\frac{16}{10}×\frac{23}{10}=\frac{16×23}{10×10}$$
$$=\frac{368}{100}=3.68$$

② 자연수의 곱셈으로 계산하기

$$16 \quad × \quad 23 \quad = \quad 368$$

$\frac{1}{10}$ ↓ 　　$\frac{1}{10}$ ↓ 　　$\frac{1}{100}$ ↓

$$1.6 \quad × \quad 2.3 \quad = \quad 3.68$$

이런 방법도 있어요!

세로셈으로 계산할 수 있어요.

$$
\begin{array}{r}
1\,6 \\
×\ 2\,3 \\
\hline
4\,8 \\
3\,2 \\
\hline
3\,6\,8
\end{array}
\Rightarrow
\begin{array}{r}
1.6 \\
×\ 2.3 \\
\hline
4\,8 \\
3\,2 \\
\hline
3.6\,8
\end{array}
$$

→ 소수 한 자리 수
→ 소수 한 자리 수
→ 소수 두 자리 수

개념 익히기

✏️ ☐ 안에 알맞은 수를 써넣으세요.

① $1.4 \times 2.3 = \dfrac{14}{10} \times \dfrac{23}{10}$

$= \dfrac{\boxed{}}{\boxed{}} = \boxed{}$

② 1.6×4.7

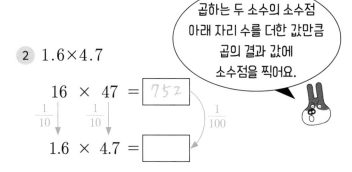

곱하는 두 소수의 소수점 아래 자리 수를 더한 값만큼 곱의 결과 값에 소수점을 찍어요.

$16 \times 47 = \boxed{752}$

$\dfrac{1}{10} \downarrow \qquad \dfrac{1}{10} \downarrow \qquad\qquad \dfrac{1}{100}$

$1.6 \times 4.7 = \boxed{}$

③ $1.3 \times 4.05 = \dfrac{13}{\boxed{}} \times \dfrac{\boxed{}}{\boxed{}}$

$= \dfrac{\boxed{}}{\boxed{}} = \boxed{}$

④ 5.8×2.43

$58 \times 243 = \boxed{}$

$5.8 \times 2.43 = \boxed{}$

⑤ $7.35 \times 1.2 = \dfrac{735}{\boxed{}} \times \dfrac{12}{\boxed{}}$

$= \dfrac{\boxed{}}{\boxed{}} = \boxed{}$

⑥ 1.7×1.32

$17 \times 132 = \boxed{}$

$1.7 \times 1.32 = \boxed{}$

⑦ $6.3 \times 1.89 = \dfrac{63}{\boxed{}} \times \dfrac{189}{\boxed{}}$

$= \dfrac{\boxed{}}{\boxed{}} = \boxed{}$

⑧ 3.25×2.7

$325 \times 27 = \boxed{}$

$3.25 \times 2.7 = \boxed{}$

 덤

1.4는 0.1이 14인 수이고, 2.3은 0.1이 23인 수입니다.

1.4×2.3은 $\underline{0.1 \times 0.1}$이 $\underline{14 \times 23}$인 수이므로 3.22예요.

$\qquad\qquad\qquad\quad\downarrow\qquad\qquad\downarrow$

$\qquad\qquad\quad\ 0.01\qquad\quad 322$

계산해 보세요.

1

```
      1 . 8
  ×   2 . 2
      3   6
  3   6
  3 . 9   6
```

2

```
      2 . 4
  ×   3 . 7
```

3

```
      2 . 7
  ×   4 . 6
```

4

```
      7 . 2
  ×   4 . 1
```

5

```
      2 . 9
  +   5 . 6
```

6

```
      1 . 0 5
  ×     3 . 2
```

7

```
      0 . 8 3
  ×     6 . 4
```

8

```
      2 . 3 7
  ×     2 . 6
```

9

```
      6 . 7 5
  ×     5 . 3
```

10

```
        4 . 6
  ×   3 . 1 2
```

11

```
        5 . 7
  ×   1 . 9 4
```

12

```
        2 . 9
  ×   6 . 0 7
```

나타내는 두 소수의 곱셈식을 쓰고 계산해 보세요.

1
- 0.1이 12개인 수
- 0.1이 37개인 수

1.2×3.7=4.44

2
- 0.1이 24개인 수
- 0.01이 106개인 수

3
- 0.1이 45개인 수
- 0.01이 212개인 수

4
- 0.01이 143개인 수
- 0.01이 54개인 수

5
- 0.01이 317개인 수
- 0.1이 32개인 수

6
- 0.01이 423개인 수
- 0.01이 67개인 수

7
- 0.1이 260개인 수
- 0.01이 344개인 수

8
- 0.1이 78개인 수
- 0.01이 360개인 수

✏️ 문제를 해결해 보세요.

1. 목성에서의 무게는 지구에서의 몸무게의 약 2.4배라고 합니다. 어떤 사람이 지구에서 잰 몸무게가 49.7 kg이라면 목성에서 잰 몸무게는 약 몇 kg인가요?

식_____ 답_____ kg

2. 준수네 반 학생들이 텃밭을 새롭게 만들기 위해 가로와 세로 길이를 각각 1.5배씩 늘리기로 했습니다. 그림을 보고 물음에 답하세요.

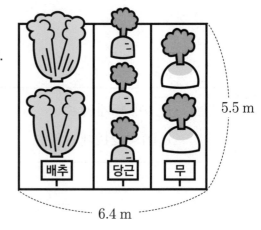

(1) 새롭게 늘린 텃밭의 가로 길이는 몇 m인가요?

식_____ 답_____ m

(2) 새롭게 늘린 텃밭의 세로 길이는 몇 m인가요?

식_____ 답_____ m

(3) 새롭게 늘린 텃밭의 넓이는 몇 m²인가요?

식_____ 답_____ m²

개념 다시보기

 계산해 보세요.

① $1.6 \times 1.2 = \dfrac{\boxed{}}{10} \times \dfrac{\boxed{}}{10}$

$= \dfrac{\boxed{}}{100} = \boxed{}$

② $5.7 \times 1.32 = \dfrac{\boxed{}}{10} \times \dfrac{132}{\boxed{}}$

$= \dfrac{\boxed{}}{\boxed{}} = \boxed{}$

③ 2.5×3.7

$25 \times 37 = \boxed{}$

$2.5 \times 3.7 = \boxed{}$

④ 1.09×6.4

$109 \times 64 = \boxed{}$

$1.09 \times 6.4 = \boxed{}$

⑤ 8.5×2.14

$85 \times 214 = \boxed{}$

$8.5 \times 2.14 = \boxed{}$

⑥
$$
\begin{array}{r}
4.0\,6 \\
\times \quad 9.2 \\
\hline
\end{array}
$$

⑦
$$
\begin{array}{r}
7.1\,3 \\
\times \quad 3.6 \\
\hline
\end{array}
$$

⑧
$$
\begin{array}{r}
5.4 \\
\times 2.7\,5 \\
\hline
\end{array}
$$

도전해 보세요

① 넓이가 다음 평행사변형의 넓이의 1.2 배인 삼각형이 있습니다. 이 삼각형의 넓이는 몇 m²인가요?

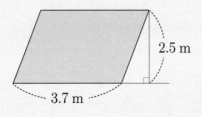

2.5 m

3.7 m

(   ) m²

② 자연수의 곱셈을 이용하여 식을 완성해 보세요.

$$3 \times 4 = 12$$

(1) $0.3 \times 4 =$

(2) $3 \times 0.4 =$

(3) $0.3 \times 0.4 =$

개념연결

5-2소수의 곱셈	5-2소수의 곱셈	곱의 소수점의 위치	6-1소수의 나눗셈
(자연수)×(소수)	(소수)×(소수)	$7×6=42$ $0.7×0.6=\boxed{0.42}$	(소수)÷(자연수)
$5×2.5=\boxed{12.5}$	$1.6×2.3=\boxed{3.68}$	$0.7×0.06=\boxed{0.042}$ $0.07×0.6=\boxed{0.042}$	$3.36÷4=\boxed{0.84}$

배운 것을 기억해 볼까요?

1 $6×1.9=$

2 $5.3×2.6=$

곱의 소수점의 위치를 찾을 수 있어요.

30초 개념 소수끼리의 곱셈에서 곱하는 두 소수의 소수점 아래 자리 수를 더한 값과 곱의 소수점 아래 자리 수가 서로 같아요.

$0.7×0.06$의 계산

① 자연수의 곱셈으로 계산하기

$$7 \quad × \quad 6 \quad = \quad 42$$
$$\frac{1}{10} \qquad \frac{1}{100} \qquad \frac{1}{1000}$$
$$0.7 \quad × \quad 0.06 \quad = \quad 0.042$$

② 분수의 곱셈으로 계산하기

$$0.7×0.06=\frac{7}{10}×\frac{6}{100}=\frac{7×6}{10×100}$$
$$=\frac{42}{1000}=0.042$$

이런 방법도 있어요!

세로셈으로 계산할 수 있어요.

$$\begin{array}{r} 7 \\ × \quad 6 \\ \hline 4\,2 \end{array} \Rightarrow \begin{array}{r} 0.7 \\ × \ 0.0\,6 \\ \hline 0.0\,4\,2 \end{array}$$

→ 소수 한 자리 수
→ 소수 두 자리 수
→ 소수 세 자리 수

개념 익히기

 ☐ 안에 알맞은 수를 써넣으세요.

①
2.45 × 1 = 2.45
10배 ↓   10배
2.45 × 10 = 24.5
10배 ↓   10배
2.45 × 100 = ☐
10배 ↓   10배
2.45 × 1000 = ☐

②
2450 × 1 = 2450
$\frac{1}{10}$ ↓ $\frac{1}{10}$
2450 × 0.1 = 245
$\frac{1}{10}$ ↓ $\frac{1}{10}$
2450 × 0.01 = ☐
$\frac{1}{10}$ ↓ $\frac{1}{10}$
2450 × 0.001 = ☐

곱하는 수가 10배씩 커지면 곱의 소수점의 위치는 오른쪽으로 한 칸씩 이동해요.

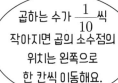
곱하는 수가 $\frac{1}{10}$씩 작아지면 곱의 소수점의 위치는 왼쪽으로 한 칸씩 이동해요.

③
9 × 5 = 45
0.9 × 5 = ☐
9 × 0.5 = ☐
0.9 × 0.5 = ☐

④
12 × 3 = 36
12 × 0.3 = ☐
1.2 × 0.3 = ☐
0.12 × 0.3 = ☐

⑤
24 × 16 = 384
2.4 × 1.6 = ☐
2.4 × 0.16 = ☐
0.24 × 0.16 = ☐

⑥
135 × 7 = 945
13.5 × 0.7 = ☐
1.35 × 0.7 = ☐
0.135 × 0.7 = ☐

 덤

곱하는 수에 따라 곱의 소수점 위치가 달라져요.

2.647 × 100 → 2.647 → 264.7
     10×10   소수점이 오른쪽으로 2칸 이동

264.7 × 0.01 → 264.7 → 2.647
     소수 두 자리 수   소수점이 왼쪽으로 2칸 이동

☐ 안에 알맞은 수를 써넣으세요.

1   2.39 × 1 = 2.39

   2.39 × 10 = ☐

   2.39 × 100 = ☐

   2.39 × 1000 = ☐

2   2390 × 1 = 2390

   2390 × 0.1 = ☐

   2390 × 0.01 = ☐

   2390 × 0.001 = ☐

 3   8 × 7 = 56

   8 × 0.7 = ☐

   0.8 × 0.7 = ☐

   0.8 × 0.07 = ☐

4   43 × 1 = 43

   4.3 × 0.1 = ☐

   0.43 × 0.1 = ☐

   0.43 × 0.01 = ☐

5   35 × 18 = 630

   3.5 × 18 = ☐

   3.5 × 1.8 = ☐

   0.35 × 0.18 = ☐

6   57 × 36 = 2052

   5.7 × 3.6 = ☐

   5.7 × 0.36 = ☐

   0.57 × 0.36 = ☐

7   243 × 5 = 1215

   ☐ × 5 = 121.5

   24.3 × 0.5 = ☐

   2.43 × ☐ = 0.1215

8   192 × 13 = 2496

   19.2 × 1.3 = ☐

   1.92 × 1.3 = ☐

   1.92 × 0.13 = ☐

주어진 곱셈식을 이용하여 ☐ 안에 알맞은 수를 써넣으세요.

1 $32 \times 17 = 544$

$3.2 \times \boxed{} = 5.44$

$\boxed{} \times 170 = 54.4$

2 $146 \times 21 = 3066$

$14.6 \times \boxed{} = 30.66$

$\boxed{} \times 210 = 306.6$

3 $515 \times 9 = 4635$

$\boxed{} \times 9 = 4.635$

$5.15 \times \boxed{} = 463.5$

4 $74 \times 45 = 3330$

$\boxed{} \times 0.45 = 33.3$

$0.74 \times \boxed{} = 3.33$

5 $83.9 \times 5 = 419.5$

$839 \times \boxed{} = 41.95$

$\boxed{} \times 0.5 = 4.195$

6 $1.44 \times 36 = 51.84$

$\boxed{} \times 0.36 = 51.84$

$14.4 \times \boxed{} = 5.184$

7 $524 \times 1.3 = 681.2$

$\boxed{} \times 0.13 = 6.812$

$5.24 \times \boxed{} = 68.12$

8 $6.2 \times 7.2 = 44.64$

$0.62 \times \boxed{} = 44.64$

$\boxed{} \times 0.072 = 4.464$

개념 키우기

✏️ 문제를 해결해 보세요.

1 어떤 수에 100을 곱해야 할 것을 잘못하여 0.1을 곱했더니 0.439가 되었습니다. 바르게 계산하면 얼마인지 구해 보세요.

(   )

2 민정이가 생일 선물을 받았습니다. 그림을 보고 물음에 답하세요.

㉮ 12.5 g 사탕 100개

㉯ 1.025 g 초콜릿 1000개

㉰ 152 g 과자 10개

(빈 상자의 무게는 모두 같습니다.)

(1) ㉮ 선물에 들어 있는 사탕의 무게는 모두 몇 g인가요?

식_____ 답_____ g

(2) ㉯ 선물에 들어 있는 초콜릿의 무게는 모두 몇 g인가요?

식_____ 답_____ g

(3) ㉰ 선물에 들어 있는 과자의 무게는 모두 몇 g인가요?

식_____ 답_____ g

(4) 무거운 선물부터 차례로 기호를 쓰세요.

(,   ,   )

개념 다시보기

 ☐ 안에 알맞은 수를 써넣으세요.

1 33.63 × 10 = ☐

33.63 × 100 = ☐

33.63 × 1000 = ☐

2 5627 × 0.1 = ☐

5627 × 0.01 = ☐

5627 × 0.001 = ☐

3 22 × 7 = 154

22 × 0.7 = ☐

0.22 × 0.7 = ☐

4 45 × 16 = 720

4.5 × 1.6 = ☐

0.45 × 0.16 = ☐

5 164 × 9 = 1476

1.64 × 90 = ☐

16.4 × 0.9 = ☐

6 783 × 2.5 = 1957.5

7.83 × 2.5 = ☐

0.783 × 250 = ☐

도전해 보세요

1 민호의 필통 무게는 0.709 kg이고, 규연이의 필통 무게는 712 g입니다. 누구의 필통이 더 무거운가요?

(　　　　　　　　)

2 ㉮×㉯를 구해 보세요.

㉮×㉯×34.58＝0.3458

(　　　　　　　　)

개념연결

3-1 길이와 시간	3-2 들이와 무게	이상, 이하, 초과, 미만	5-2 수의 범위와 어림하기
길이 어림하기	무게 어림하기	5 이상 9 이하인 수	올림, 버림, 반올림
10.7 cm는 약 11 cm	192 g은 약 200 g	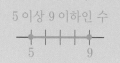	십의 자리까지 올림하기 125 ➡ 130

배운 것을 기억해 볼까요?

1 7보다 크고 12보다 작은 자연수: _____

2 15와 크거나 같고 20보다 작은 자연수: _____

3 27보다 크고 32보다 작은 자연수: _____

수의 범위를 알 수 있어요.

30초 개념 수의 범위는 수를 구간으로 구분하여 '이상', '이하', '초과', '미만'으로 나타내요.

수를 이상, 이하, 초과, 미만으로 나타내기

10 이상인 수: 10보다 크거나 같은 수

```
—+——+——+——●——+——+——+—
  7   8   9   10  11  12  13
```

10 이하인 수: 10보다 작거나 같은 수

```
—+——+——+——●——+——+——+—
  7   8   9   10  11  12  13
```

10 초과인 수: 10보다 큰 수

```
—+——+——+——○——+——+——+—
  7   8   9   10  11  12  13
```

10 미만인 수: 10보다 작은 수

```
—+——+——+——○——+——+——+—
  7   8   9   10  11  12  13
```

이런 방법도 있어요!

· 5 이상 10 이하인 수 ➡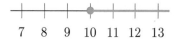

· 5 초과 10 이하인 수 ➡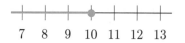

· 5 이상 10 미만인 수 ➡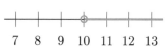

· 5 초과 10 미만인 수 ➡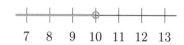

수의 범위를 수직선에 나타내어 보세요.

1 19 이상인 수

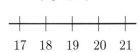

이상과 이하는 기준이 되는 수를 포함해요.

2 25 미만인 수

초과와 미만은 기준이 되는 수를 포함하지 않아요.

3 30 이하인 수

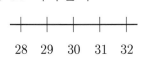

4 42 초과인 수

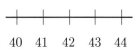

5 15 이상 25 이하인 수

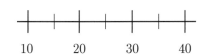

6 35 초과 50 이하인 수

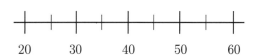

7 10 초과 45 미만인 수

8 20 이상 40 미만인 수

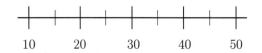

9 12 이상 27 이하인 수

10 57.2 초과 58.7 미만인 수

수의 범위에 알맞은 수를 모두 찾아 ◯표 하세요.

① 10 미만인 수

> 10   8.6 $10\frac{1}{2}$ 9   5

② 15 이상인 수

> 14.9 $15\frac{1}{4}$ 17   15   12

③ 24 미만인 수

> 23   24 $22\frac{4}{5}$ 25   16

④ 40 이하인 수

> 37   40.1   35   42   36

⑤ 20 초과 30 미만인 수

> 19   20   24   20.6   30

⑥ 45 초과인 수

> $45\frac{1}{3}$ 44   45   50   49

⑦ 32.7 이상 46.1 미만인 수

> 43   46.1   32   46.08   31.9

⑧ $5.7 \times 0.23 =$

⑨ 56 이상 62 미만인 수

> 55   56   60   62 $61\frac{5}{6}$

⑩ 70 초과 90 이하인 수

> 70   74   80   90.5   89

✏️ 수직선에 나타낸 수의 범위를 쓰세요.

1
11　12　13　14　15　16　17　18

12 이상 17 이하인 수

2
1　2　3　4　5　6　7　8　9

3
14　　16　　18　　20　　22

4
15　　17　　19　　21　　23

5
37　　39　　41　　43　　45

6
52　　54　　56　　58　　60

7
80　　82　　84　　86　　88

8
60　　70　　80　　90　　100

9
55　　65　　75　　85

10
45　　49　　53　　57

개념 키우기

✏️ 문제를 해결해 보세요.

1 수민이는 줄넘기 점수로 36점을 받았습니다. 급수 판정표를 기준으로 볼 때 수민이의
   줄넘기 급수는 몇 급인가요?

급수 판정표

급수	1급	2급	3급	4급	5급
점수 (점)	55 이상	40 이상 55 미만	25 이상 40 미만	10 이상 25 미만	10 미만

(　　　　　　　)급

2 서윤이는 택배 접수를 위해 우체국에 왔습니다. 택배로 보낼 물건을 상자에 넣고
   무게를 재어 보니 6.57 kg입니다. 표를 보고 물음에 답하세요.

소포의 무게별 가격

무게	1 kg 이하	1 kg 초과 3 kg 이하	3 kg 초과 5 kg 이하	5 kg 초과 7 kg 이하	7 kg 초과 10 kg 이하
등기 소포	3,500원	4,000원	4,500원	5,000원	6,000원
일반 소포	2,200원	2,700원	3,200원	3,700원	4,700원

(등기: 다음 날 배달, 일반: D+3일 배달)

(1) 서윤이가 보낼 택배의 무게 범위를 써 보세요.

(　　　　　　　　　　　　　)

(2) 서윤이가 보낼 택배의 무게 범위를 수직선에 나타내어 보세요.

(3) 서윤이가 내야 할 택배 요금은 얼마인가요?

등기 소포:＿＿＿＿＿＿＿＿원, **일반 소포:**＿＿＿＿＿＿＿＿원

개념 다시보기

✎ 수의 범위를 수직선에 나타내어 보세요.

1 12 이상인 수

2 10 미만인 수

3 16 이상 20 미만인 수

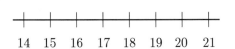

4 27 초과 35 이하인 수

✎ 수의 범위에 알맞은 수를 모두 찾아 ◯표 하세요.

5 60 초과인 수

| 50　60　64　59　61　70 |

6 45 이상 49 미만인 수

| 42　45　47　49　$49\frac{1}{2}$ |

도전해 보세요

1 주어진 조건을 모두 만족하는 수를 구해 보세요.

- 16 초과 36 미만인 자연수
- 3과 6의 공배수
- 5로 나누어떨어지는 수

(　　　　　　　　　)

2 52가 포함되는 수의 범위를 모두 찾아 기호를 써 보세요.

- ㉠ 51 이상 55 미만인 수
- ㉡ 52 초과 56 미만인 수
- ㉢ 50 이상 52 이하인 수
- ㉣ 52 초과 55 이하인 수

(　　　　　　　　　)

개념연결

5-2 수의 범위와 어림하기	5-2 수의 범위와 어림하기	올림, 버림	5-2 수의 범위와 어림하기
이상, 이하	초과, 미만		반올림
5 이상 9 이하인 수	5 초과인 수	올림과 버림하여 십의 자리까지 나타내기	반올림하여 십의 자리까지 나타내기
5 6 7 8 9	5 6 7 8 9	57 →올림→ 60 57 →버림→ 50	125 →반올림→ 130

배운 것을 기억해 볼까요?

1 10 초과 15 이하

9   10   11   12   13   14   15   16

2 5 이상 9 미만

4   5   6   7   8   9   10

올림과 버림을 알 수 있어요.

30초 개념

구하려는 자리 아래 수를 올려서 나타내는 방법을 올림이라 하고,
구하려는 자리 아래 수를 버려서 나타내는 방법을 버림이라고 해요.

127을 올림과 버림으로 나타내기

올림하여 십의 자리까지 나타내기

$127 \Rightarrow 130$
　　　└ 십의 자리까지 나타내므로
　　　　일의 자리는 '0'이에요.

버림하여 십의 자리까지 나타내기

$127 \Rightarrow 120$
　　　└ 십의 자리까지 나타내므로
　　　　일의 자리는 '0'이에요.

올림하여 백의 자리까지 나타내기

$127 \Rightarrow 200$
　　　└ 백의 자리까지 나타내므로
　　　　일의 자리, 십의 자리는
　　　　모두 '0'이에요.

버림하여 백의 자리까지 나타내기

$127 \Rightarrow 100$
　　　└ 백의 자리까지 나타내므로
　　　　일의 자리, 십의 자리는
　　　　모두 '0'이에요.

수직선으로 알아보기

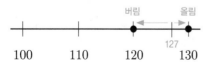

개념 익히기

수를 올림하거나 버림하여 주어진 자리까지 나타내어 보세요.

1 올림

수	십의 자리까지	백의 자리까지
324	330	400
517		

2 버림

수	십의 자리까지	백의 자리까지
716		
289		

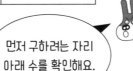

먼저 구하려는 자리 아래 수를 확인해요.

3 올림

수	백의 자리까지	천의 자리까지
1326		
2467		

4 버림

수	백의 자리까지	천의 자리까지
4251		
1675		

5 올림

수	소수 첫째 자리까지	소수 둘째 자리까지
0.322		
4.538		

6 버림

수	소수 첫째 자리까지	소수 둘째 자리까지
1.684		
2.759		

 덤

소수의 올림과 버림

1.257을 올림하여 소수 첫째 자리까지 나타내기 ➡ 1.257 ➡ 1.3

1.257을 버림하여 소수 첫째 자리까지 나타내기 ➡ 1.257 ➡ 1.2

수를 올림하거나 버림하여 주어진 자리까지 나타내어 보세요.

1 올림

수	십의 자리까지	백의 자리까지
317		
926		

2 버림

수	백의 자리까지	천의 자리까지
4235		
1168		

3 올림

수	십의 자리까지	백의 자리까지	천의 자리까지
2724			
6453			

4 버림

수	소수 첫째 자리까지	소수 둘째 자리까지
2.815		
4.367		

5 올림

수	십의 자리까지	천의 자리까지
1350		
2145		

6 버림

수	백의 자리까지	천의 자리까지
7163		
34521		

7 올림

수	소수 첫째 자리까지	소수 둘째 자리까지
3.214		
1.7152		

8 버림

수	십의 자리까지	백의 자리까지	천의 자리까지
22752			
6815			

빈칸에 알맞은 수를 써넣으세요.

1 올림

수	천의 자리 이하
13457	20000
360000	

2 버림

수	백의 자리 미만
2739	2700
564	

3 올림

수	백의 자리 이하
2785	
63172	

4 버림

수	십의 자리 이하
487	
3126	

5 올림

수	십의 자리까지	천의 자리까지
2420		
3781		

6 버림

수	십의 자리까지	천의 자리까지
46162		
12591		

7 올림

수	백의 자리까지	천의 자리까지
1763		
5812		

8 버림

수	소수 첫째 자리까지	소수 둘째 자리까지
8.276		
3.967		

개념 키우기

✏️ 문제를 해결해 보세요.

1 사과 213개를 한 상자에 10개씩 포장하였습니다.
포장한 사과와 상자의 수를 각각 구해 보세요.

상자에 포장한 사과의 수 (   )개

포장한 상자의 수 (   )개

2 지훈이네 반 학생 32명에게 엽서를 1장씩 나눠 주려고 합니다.
문구점에서는 엽서를 5장씩 묶음으로 판매하고 있습니다. 물음에 답하세요.

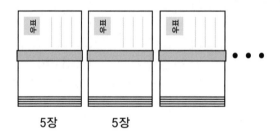

5장   5장

(1) 엽서를 묶음으로 사려면 올림과 버림 중 어느 방법으로 나타내야 할까요?

(   )

(2) 사야 하는 엽서는 적어도 몇 묶음인가요?

(   )묶음

(3) 학생들에게 나누어 주고 남는 엽서는 몇 장인가요?

(   )장

개념 다시보기

 수를 올림하거나 버림하여 주어진 자리까지 나타내어 보세요.

1 올림

수	십의 자리까지	백의 자리까지
732		

2 버림

수	백의 자리까지	천의 자리까지
4581		

3 올림

수	천의 자리까지	만의 자리까지
59705		

4 버림

수	십의 자리까지	백의 자리까지
263		

5 올림

수	소수 첫째 자리까지	소수 둘째 자리까지
2.164		

6 버림

수	소수 첫째 자리까지	소수 둘째 자리까지
0.839		

도전해 보세요

1 재민이가 가진 수 카드는 3500 입니다. 올림하여 백의 자리까지 나타냈을 때 재민이가 가진 수 카드와 같은 값이 되는 카드를 모두 골라 ◯표 해 보세요.

| 3405 | 3401 | 3510 |
| 3505 | 3499 | 3400 |

2 주어진 수의 일의 자리 수가 0~4면 버림을, 5~9면 올림을 하여 십의 자리까지 나타내어 보세요.

(1) 36 ➡ _____

(2) 127 ➡ _____

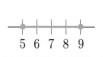 반올림

19단계 반올림

개념연결

5-2 수의 범위와 어림하기	5-2 수의 범위와 어림하기	5-2 수의 범위와 어림하기	반올림
이상, 이하	초과, 미만	올림, 버림	
5 이상 9 이하인 수	5 초과인 수	올림과 버림하여 십의 자리까지 나타내기	반올림하여 백의 자리까지 나타내기
5 6 7 8 9	5 6 7 8 9	57 → 올림 → 60 57 → 버림 → 50	260 → 반올림 → 300

배운 것을 기억해 볼까요?

1 올림

수	십의 자리까지	백의 자리까지
6704		
1089		

2 버림

수	십의 자리까지	백의 자리까지
248		
1076		

반올림을 알 수 있어요.

30초 개념

구하려는 자리 바로 아래 자리의 숫자가 0, 1, 2, 3, 4이면 버리고, 5, 6, 7, 8, 9이면 올리는 방법을 반올림이라고 해요.

346을 반올림하여 나타내기

반올림하여 십의 자리까지 나타내기

$346 \Rightarrow 350$
↳ 6이므로 올려요.

반올림하여 백의 자리까지 나타내기

$346 \Rightarrow 300$
↳ 4이므로 버려요.

수직선으로 알아보기

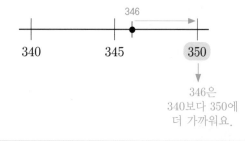

346은 340보다 350에 더 가까워요.

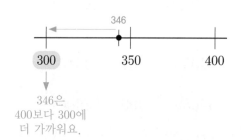

346은 400보다 300에 더 가까워요.

개념 익히기

✏️ 반올림하여 주어진 자리까지 나타내어 보세요.

1.

수	십의 자리까지	백의 자리까지	천의 자리까지
5293	5290	5300	5000
1476			

구하려는 자리 아래 수가
0~4이면 버리고
5~9이면 올려요.

2.

수	일의 자리까지	소수 첫째 자리까지	소수 둘째 자리까지
37.452			
0.961			

3.

수	백의 자리까지	천의 자리까지	만의 자리까지
12160			
7839			

4.

수	소수 첫째 자리까지
1.42	
0.76	
23.505	

5.

수	천의 자리까지
27165	
30276	
44692	

 덤

수직선으로 해결할 수 있어요.

5293을 반올림하여 십의 자리까지 나타내기

➡️ 주어진 수를 수직선에 표시하고, 주어진 수와 몇십에 더 가까운 수를 찾아요.

십의 자리까지 반올림하기

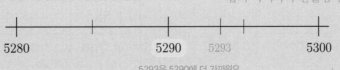

5280   5290   5293   5300

5293은 5290에 더 가까워요.

수를 어림하여 주어진 자리까지 나타내어 보세요.

1 반올림

수	십의 자리까지
149	
2216	

2 반올림

수	백의 자리까지
342	
1564	

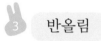 **3** 반올림

수	천의 자리까지
2675	
34578	

4 올림

수	만의 자리까지
15842	
42639	

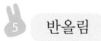 **5** 반올림

수	소수 첫째 자리까지
7.062	
5.31	

6 반올림

수	일의 자리까지
42.8	
120.2	

7 버림

수	소수 둘째 자리까지
3.426	
0.578	

8 반올림

수	소수 첫째 자리까지
1.584	
26.709	

반올림하여 주어진 수가 될 수 있는 수의 범위를 쓰고, 수직선에 나타내어 보세요.

1 십의 자리까지 나타낸 수: 230 ➡ 225 이상 235 미만인 수

220   230   240

2 백의 자리까지 나타낸 수: 700 ➡ _____

600   700   800

3 일의 자리까지 나타낸 수: 46 ➡ _____

45   46   47

4 천의 자리까지 나타낸 수: 5000 ➡ _____

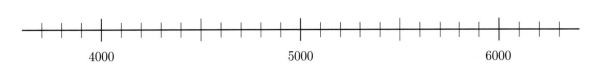

4000   5000   6000

5 소수 첫째 자리까지 나타낸 수: 8.9 ➡ _____

8.8   8.9   9

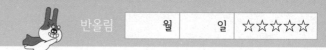

 문제를 해결해 보세요.

1 민주네 학교 5학년 학생 수를 반올림하여 십의 자리까지 나타내면 290명이라고 합니다.
5학년 학생 수의 범위를 써 보세요.

(   )명 이상 (   )명 이하

2 만의 자리까지 반올림한 행성과 태양 사이의 거리가 다음과 같습니다.
빈칸에 알맞은 수를 써넣으세요.

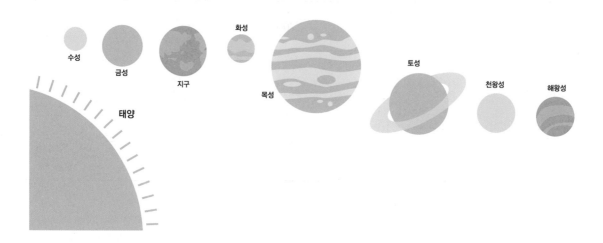

〈행성과 태양 사이의 거리〉

행성	만의 자리까지 반올림한 거리(km)	백만 자리까지 반올림한 거리(km)
수성	5791만	
금성	1억 820만	
지구	1억 4960만	
화성	2억 2794만	

개념 다시보기

 반올림하여 주어진 자리까지 나타내어 보세요.

1

수	십의 자리까지
362	
155	

2

수	일의 자리까지
6.5	
1.08	

3

수	소수 첫째 자리까지	소수 둘째 자리까지
30.172		
4.519		

4

수	천의 자리까지
23506	
1534	

5

수	백의 자리까지	십의 자리까지
195		
5083		

6

수	만의 자리까지
38276	
74917	

도전해 보세요

1 소수 3.6㉮㉯를 반올림하여 소수 첫째 자리까지 나타냈더니 3.7이 되었습니다. ㉮와 ㉯의 합이 11이고 ㉮<㉯일 때, 소수 3.6㉮㉯를 구해 보세요.

(   )

2 수 카드 4장을 모두 한 번씩만 사용하여 가장 작은 네 자리 수를 만들고, 만든 네 자리 수를 반올림하여 천의 자리까지 나타내어 보세요.

7	4	2	5

(   )

개념연결

2-2표와 그래프	4-1막대그래프	4-2꺾은선그래프
그림그래프	막대그래프	꺾은선그래프

2-2표와 그래프 / 그림그래프

이름	연필 수
민정	✏✏✏✏
서윤	✏✏ ✏

10자루 / 1자루

민정: 22 서윤: 11

4-1막대그래프 / 막대그래프

가장 많은 학생들이
좋아하는 계절: 여름

4-2꺾은선그래프 / 꺾은선그래프

판매량이 가장
많은 달: 9 월

평균 구하기

$(3, 5, 4$의 평균$)=4$

배운 것을 기억해 볼까요?

1 막대그래프와 꺾은선그래프 중 알맞은 말을 골라 써 보세요.

(1) 1년 동안 몸무게의 변화를 알아보고 싶은 경우: _____

(2) 나라별 인구를 비교해 보고 싶은 경우: _____

평균을 이해하고 구할 수 있어요.

30초 개념

여러 자료의 값을 하나로 대표할 수 있는 값 중에 평균이 있어요.
평균은 각 자료의 값을 크고 작음의 차이 없이 고르게 한 값이에요.

3, 5, 4의 **평균 구하기**

세 높이를 고르게
만들어요.

3개 5개 4개 ➡ 4개 4개 4개 ← 평균 4

평균＝자료 값의 합÷자료의 수

$3+5+4=12$(개)
자료 값의 합

$\dfrac{3+5+4}{3} = \dfrac{12}{3} = 4$(개)

이런 방법도 있어요!

기준을 정해서 평균을
구할 수 있어요.

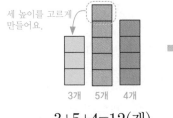

3, 5, 4 ➡ 3, 5, 4

기준보다 기준보다 기준
1작을   1큰

➡ 4, 4, 4 ➡ 평균

개념 익히기

높이를 같게 하여 평균을 구해 보세요.

1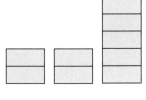

높은 것을 낮은 쪽으로 이동시켜 높이를 고르게 만들어요.

평균: _____ 3

2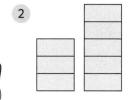

평균: _____

3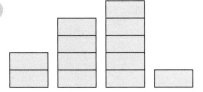

평균: _____

4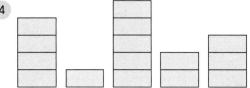

평균: _____

5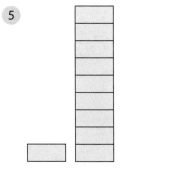

평균: _____

6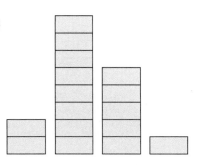

평균: _____

7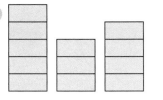

평균: _____

8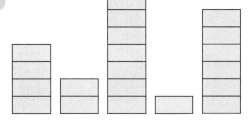

평균: _____

평균을 구해 보세요.

1

| 9 | 7 | 2 |

평균: _____

2

| 4 | 2 | 5 | 1 |

평균: _____

3

| 12 | 15 | 13 | 16 |

평균: _____

4

| 10 | 14 | 9 | 15 |

평균: _____

5

| 6 | 3 | 4 | 2 | 5 |

평균: _____

6

| 12 | 11 | 7 | 16 | 14 |

평균: _____

7

| 2 | 1 | 2 |
| 3 | 6 | 4 |

평균: _____

8

| 4 | 5 | 2 |
| 6 | 3 | 4 |

평균: _____

9

| 17 | 8 | 36 |
| 21 | 43 | 49 |

평균: _____

10

| 3 | 6 | 2 |
| 5 | 8 | 6 | 5 |

평균: _____

✏️ 자료의 평균을 구해 보세요.

1 〈동화책 수〉

이름	민지	나영	준수
책 수(권)	36	42	33

평균: _____권

2 〈고리 던지기 기록〉

회	1	2	3	4
걸린 고리 수(개)	2	5	3	2

평균: _____개

3 〈학생 수〉

반	1	2	3	4
학생 수 (명)	24	27	26	23

평균: _____명

4 〈100m 달리기 기록〉

이름	민준	수진	준수	나래
시간 (초)	19	17	20	24

평균: _____초

5 〈운동 시간〉

요일	월	화	수	목	금
시간 (분)	40	50	60	55	120

평균: _____분

6 〈하루 동안 마신 우유의 양〉

이름	정우	서준	은우	수진
양 (mL)	300	250	350	200

평균: _____ mL

7 〈공 던지기 기록〉

이름	태주	동건	유미	지현	정우	서준
거리 (m)	23	29	35	44	18	31

평균: _____ m

8 〈몸무게〉

이름	주연	수진	은우	나래
몸무게 (kg)	39.5	41.7	38.8	42.4

평균: _____ kg

개념 키우기

✏️ 문제를 해결해 보세요.

1 서욱이는 308쪽짜리 역사책을 일주일 동안 다 읽으려고 합니다.
하루에 평균 몇 쪽씩 읽어야 하는지 구해 보세요.

(   )쪽

2 지우네 모둠의 운동 종목별 기록이 다음과 같습니다. 표를 보고 물음에 답하세요.

〈운동 종목별 기록〉

이름 \ 종목	윗몸 말아 올리기(회)	악력(kg)	멀리 던지기(m)
지우	33	18.2	28
혜민	39	17.1	42
세연	46	18.3	
서진	38	22.4	34

(1) 지우네 모둠의 윗몸 말아 올리기 평균 기록은 몇 회인가요?

(   )회

(2) 지우네 모둠의 악력 평균 기록은 몇 kg인가요?

(   )kg

(3) 지우네 모둠의 멀리 던지기 평균 기록은 32 m입니다.
세연이의 멀리 던지기 기록은 몇 m인가요?

(   )m

개념 다시보기

✏️ 자료의 평균을 구해 보세요.

1

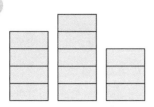

평균: _____

2

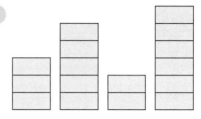

평균: _____

3

| 15 | 29 | 23 | 17 | 31 |

평균: _____

4

| 92 | 87 | 85 | 96 |

평균: _____

5 〈요일별 공부한 시간〉

요일	월	화	수	목	금
시간 (분)	20	50	60	70	35

평균: _____분

6 〈반별 학생 수〉

반	1	2	3	4	5
학생 수 (명)	24	25	25	22	24

평균: _____명

도전해 보세요

1 소희, 진규, 보경, 민경이의 평균 키는 142 cm입니다. 서윤이의 키가 137 cm 라면 5명의 평균 키는 몇 cm인가요?

(   ) cm

2 주사위 눈의 수가 평균 4 이상이 되려면 6회에는 적어도 얼마가 나와야 하는지 구해 보세요.

〈주사위 눈의 수〉

회	1	2	3	4	5	6
기록	6	6	3	4	1	

(   )

1~6학년 연산 개념연결 지도

1-1	1-2	2-1	2-2	3-1	3-2
0에서 9까지의 수	99까지의 수	세 자리 수	네 자리 수	세 자리 수의 덧셈	(세 자리 수) × (한 자리 수)
0에서 9까지의 수 크기 비교	100까지 수의 크기 비교	두 자리 수의 덧셈	네 자리 수의 크기 비교	세 자리 수의 뺄셈	(두 자리 수) × (두 자리 수)
9까지의 수 가르기와 모으기	두 자리 수의 덧셈	여러 가지 방법으로 덧셈하기	2~9단 곱셈구구	똑같이 나누기	(두 자리 수) ÷ (한 자리 수)
한 자리 수의 덧셈	두 자리 수의 뺄셈	두 자리 수의 뺄셈	1단 곱셈구구와 0의 곱	곱셈과 나눗셈의 관계	(세 자리 수) ÷ (한 자리 수)
한 자리 수의 뺄셈	두 자리 수의 덧셈과 뺄셈	여러 가지 방법으로 뺄셈하기	곱셈표 만들기	(두 자리 수) × (한 자리 수)	분수만큼 계산하기
한 자리 수의 덧셈과 뺄셈	세 수의 덧셈과 뺄셈	덧셈과 뺄셈의 관계	길이의 합과 차	길이의 단위	여러 가지 분수
십몇 가르기와 모으기	10을 만들어 더하기	세 수의 덧셈과 뺄셈	시각	시간의 덧셈	들이의 덧셈과 뺄셈
50까지의 수	받아올림이 있는 덧셈	묶어 세기	시간	시간의 뺄셈	무게의 덧셈과 뺄셈
50까지의 수 크기 비교	받아내림이 있는 뺄셈	곱셈식	표에서 규칙 찾기		

4-1	4-2	5-1	5-2	6-1	6-2
큰 수	여러 가지 분수	자연수의 혼합 계산	수의 범위	(자연수)÷(자연수)의 몫을 분수로 나타내기	분수의 나눗셈의 계산 원리
뛰어 세기	분모가 같은 분수의 덧셈	약수와 배수	올림과 버림	(분수)÷(자연수)	분수의 나눗셈을 곱셈으로 바꾸기
큰 수의 크기 비교	분모가 같은 분수의 뺄셈	최대공약수와 최소공배수	(자연수)×(분수)	(소수)÷(자연수)	소수의 나눗셈의 계산 원리
각도의 합과 차	소수 두 자리 수와 소수 세 자리 수	크기가 같은 분수 만들기	(분수)×(분수)	(자연수)÷(자연수)의 몫을 소수로 나타내기	소수의 나눗셈의 몫 반올림하기
삼각형과 사각형의 각의 크기의 합	소수의 크기 비교	분수와 소수의 크기 비교	세 분수의 곱셈	몫을 어림하기	비와 그 성질
(세 자리 수)×(두 자리 수)	소수 사이의 관계	분모가 다른 진분수의 덧셈	분수의 곱셈과 1 만들기	비율과 백분율	비례식의 성질
두 자리 수로 나누기	소수의 덧셈	분모가 다른 대분수의 덧셈	(자연수)×(소수)	직육면체와 정육면체의 부피	비례배분
(세 자리 수)÷(두 자리 수)	소수의 뺄셈	분모가 다른 진분수의 뺄셈	(소수)×(소수)	직육면체와 정육면체의 겉넓이	원주율
		분모가 다른 대분수의 뺄셈	평균		원의 넓이

개념 연결

연산의 발견

정답과 풀이

선생님 놀이
해설

우리 친구의 설명이
해설과 조금 달라도 괜찮아.
개념을 이해하고 설명했다면
통과!

1단계 (진분수)×(자연수)

배운 것을 기억해 볼까요? 012쪽

1 (1) $4\frac{1}{6}$　(2) $6\frac{3}{4}$　　2 (1) 2　(2) 4

개념 익히기 013쪽

1 6, 4, 3, $\frac{4}{3}$, $1\frac{1}{3}$　　2 14, 21, 2, $\frac{21}{2}$, $10\frac{1}{2}$

3 10, 25, 3, $\frac{25}{3}$, $8\frac{1}{3}$　　4 7, 2, 3, $\frac{2}{3}$

5 8, 10, 3, $\frac{10}{3}$, $3\frac{1}{3}$　　6 3, 2, 2, 3, $\frac{8}{3}$, $2\frac{2}{3}$

7 2, 1, 1, 2, $\frac{7}{2}$, $3\frac{1}{2}$　　8 3, 4, 4, 3, $\frac{44}{3}$, $14\frac{2}{3}$

9 2, 3, 3, 2, $\frac{39}{2}$, $19\frac{1}{2}$

개념 다지기 014쪽

1 $\frac{5}{6}\times15=\frac{5\times15}{6}=\frac{\overset{25}{75}}{\underset{2}{6}}=\frac{25}{2}=12\frac{1}{2}$

2 $\frac{2}{3}\times\overset{2}{\underset{1}{6}}=4$

3 $\frac{5}{12}\times8=\frac{5\times8}{12}=\frac{\overset{10}{40}}{\underset{3}{12}}=\frac{10}{3}=3\frac{1}{3}$

4 $\frac{3}{5}\times\overset{2}{\underset{1}{10}}=6$

5 $\frac{4}{9}\times12=\frac{4\times12}{9}=\frac{\overset{16}{48}}{\underset{3}{9}}=\frac{16}{3}=5\frac{1}{3}$

6 $\frac{9}{14}\times\overset{3}{\underset{2}{21}}=\frac{27}{2}=13\frac{1}{2}$

7 $4\frac{7}{12}$

8 $\frac{5}{8}\times\overset{5}{\underset{2}{20}}=\frac{25}{2}=12\frac{1}{2}$

 선생님놀이

3 $\frac{5}{12}\times8$의 분모는 그대로 두고 분자와 자연수를 곱해요. $\frac{40}{12}$에서 12와 40을 4로 약분하면 3과

10이 돼요. 따라서 $\frac{10}{3}=3\frac{1}{3}$이에요.

 6 $\frac{9}{14}\times21$의 분모와 자연수를 약분한 뒤 분자와 자연수를 곱해요. 14와 21을 7로 약분하면 2와 3이 돼요. 따라서 $\frac{9}{2}\times3=\frac{27}{2}=13\frac{1}{2}$이에요.

개념 다지기 015쪽

1 예) $\frac{4}{15}\times\overset{2}{\underset{3}{10}}=\frac{8}{3}=2\frac{2}{3}$

2 예) $\frac{5}{6}\times\overset{3}{\underset{2}{9}}=\frac{15}{2}=7\frac{1}{2}$

3 예) $\frac{6}{7}\times3=\frac{18}{7}=2\frac{4}{7}$

4 예) $\frac{3}{8}\times\overset{3}{\underset{4}{6}}=\frac{9}{4}=2\frac{1}{4}$

5 예) $\frac{4}{9}\times\overset{4}{\underset{3}{12}}=\frac{16}{3}=5\frac{1}{3}$

6 예) $\frac{7}{10}\times\overset{6}{\underset{5}{12}}=\frac{42}{5}=8\frac{2}{5}$

7 예) $\frac{7}{12}\times\overset{7}{\underset{4}{21}}=\frac{49}{4}=12\frac{1}{4}$

8 예) $\frac{11}{18}\times5=\frac{55}{18}=3\frac{1}{18}$

9 예) $\frac{13}{30}\times\overset{4}{\underset{5}{24}}=\frac{52}{5}=10\frac{2}{5}$

10 예) $\frac{5}{24}\times\overset{2}{\underset{3}{16}}=\frac{10}{3}=3\frac{1}{3}$

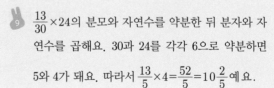

선생님놀이

5 $\frac{4}{9}\times12$의 분모와 자연수를 약분한 뒤 분자와 자연수를 곱해요. 9와 12를 각각 3으로 약분하면 3과 4가 돼요. 따라서 $\frac{4}{3}\times4=\frac{16}{3}=5\frac{1}{3}$이에요.

9 $\frac{13}{30}\times24$의 분모와 자연수를 약분한 뒤 분자와 자연수를 곱해요. 30과 24를 각각 6으로 약분하면 5와 4가 돼요. 따라서 $\frac{13}{5}\times4=\frac{52}{5}=10\frac{2}{5}$예요.

개념 키우기 **016쪽**

1 식: $\dfrac{3}{5}\times3=1\dfrac{4}{5}$ 답: $1\dfrac{4}{5}$

2 (1) $\dfrac{4}{5}$ (2) $1\dfrac{3}{7}$ (3) $1\dfrac{1}{8}$ (4) ㉯, ㉰, ㉮

1 수조에 물을 $\dfrac{3}{5}$ L씩 3번 부었으므로 수조에 부은 물은 모두 $\dfrac{3}{5}\times3=\dfrac{9}{5}=1\dfrac{4}{5}$ (L)입니다.

2 (1) ㉮의 한 변의 길이는 $\dfrac{4}{15}$ m입니다. 정삼각형 모양의 밭이므로 둘레는 $\dfrac{4}{15}\times3=\dfrac{4}{5}$ (m)입니다.

 (2) ㉯의 한 변의 길이가 $\dfrac{5}{14}$ m입니다. 정사각형 모양의 밭이므로 둘레는 $\dfrac{5}{14}\times4=\dfrac{10}{7}=1\dfrac{3}{7}$ (m)입니다.

 (3) ㉰의 한 변의 길이가 $\dfrac{3}{16}$ m입니다. 정육각형 모양의 밭이므로 둘레는 $\dfrac{3}{16}\times6=\dfrac{9}{8}=1\dfrac{1}{8}$ (m)입니다.

 (4) $\dfrac{4}{5}<1\dfrac{1}{8}<1\dfrac{3}{7}$ 이므로 둘레가 긴 것부터 순서대로 기호를 쓰면 ㉯, ㉰, ㉮입니다.

개념 다시보기 **017쪽**

1 $2\dfrac{1}{4}$ 2 $3\dfrac{1}{3}$ 3 $3\dfrac{3}{4}$ 4 $3\dfrac{3}{4}$ 5 $10\dfrac{2}{7}$

6 $9\dfrac{1}{7}$ 7 $12\dfrac{1}{2}$ 8 $7\dfrac{1}{2}$ 9 $20\dfrac{1}{4}$ 10 $11\dfrac{1}{5}$

도전해 보세요 **017쪽**

1 식: $\dfrac{3}{8}\times16=6$ 답: 6

2 (1) $17\dfrac{1}{2}$ (2) $6\dfrac{1}{2}$

1 한 명이 호두파이 한 판의 $\dfrac{3}{8}$씩 먹으므로 16명이 먹기 위해서는 $\dfrac{3}{8}\times16=6$ (판) 필요합니다.

2 (1) 대분수를 가분수로 고쳐 계산하면
$1\dfrac{3}{4}\times10=\dfrac{7}{4}\times10=\dfrac{35}{2}=17\dfrac{1}{2}$입니다.

 (2) 대분수를 가분수로 고쳐 계산하면
$2\dfrac{1}{6}\times3=\dfrac{13}{6}\times3=\dfrac{13}{2}=6\dfrac{1}{2}$입니다.

2단계 (대분수)×(자연수)

배운 것을 기억해 볼까요? **018쪽**

1 13   2 3

개념 익히기 **019쪽**

1 5, 1, 2, 10

2 13, 2, 5, $\dfrac{65}{2}$, $32\dfrac{1}{2}$

3 11, 2, 5, $\dfrac{55}{2}$, $27\dfrac{1}{2}$

4 5, 20, 1, 3, 20, $\dfrac{2}{3}$, $20\dfrac{2}{3}$

5 9, 18, 3, 2, 18, $\dfrac{15}{2}$, $25\dfrac{1}{2}$

6 8, 24, 4, 5, 24, $\dfrac{28}{5}$, $29\dfrac{3}{5}$

개념 다지기 **020쪽**

1 $2\dfrac{1}{3}\times5=\dfrac{7}{3}\times5=\dfrac{35}{3}=11\dfrac{2}{3}$

2 $1\dfrac{3}{8}\times4=(1\times4)+\left(\dfrac{3}{\overset{2}{\cancel{8}}}\times\overset{1}{\cancel{4}}\right)=4+\dfrac{3}{2}=4+1\dfrac{1}{2}=5\dfrac{1}{2}$

3 $12\dfrac{1}{6}$

4 $4\dfrac{2}{9}\times6=(4\times6)+\left(\dfrac{2}{\underset{3}{\cancel{9}}}\times\overset{2}{\cancel{6}}\right)=24+\dfrac{4}{3}=24+1\dfrac{1}{3}=25\dfrac{1}{3}$

5 $5\dfrac{3}{10}\times18=\dfrac{53}{\underset{5}{\cancel{10}}}\times\overset{9}{\cancel{18}}=\dfrac{477}{5}=95\dfrac{2}{5}$

6 $10\dfrac{1}{2}$

⑦ $1\frac{11}{14}\times 7=\frac{25}{\underset{2}{14}}\times\overset{1}{7}=\frac{25}{2}=12\frac{1}{2}$

⑧ $2\frac{5}{9}\times 33=(2\times 33)+\left(\frac{5}{9}\times\overset{11}{33}\right)=66+\frac{55}{3}=66+18\frac{1}{3}$
$=84\frac{1}{3}$

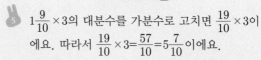

④ $4\frac{2}{9}\times 6$에서 대분수의 자연수와 진분수에 각각 자연수를 곱해요. 4와 $\frac{2}{9}$에 각각 6을 곱하면 $(4\times 6)+\left(\frac{2}{9}\times 6\right)$이에요. 9와 6을 각각 3으로 약분하면 3과 2가 돼요. 따라서 $24+\left(\frac{2}{3}\times 2\right)=24+\frac{4}{3}$ $=24+1\frac{1}{3}=25\frac{1}{3}$이에요.

⑦ $1\frac{11}{14}\times 7$의 대분수를 가분수로 고치면 $\frac{25}{14}\times 7$이에요. 14와 7을 각각 7로 약분하면 2와 1이 돼요. 따라서 $\frac{25}{2}\times 1=\frac{25}{2}=12\frac{1}{2}$이에요.

개념 다지기 021쪽

① 예 $1\frac{3}{4}\times 6=\frac{7}{\underset{2}{4}}\times\overset{3}{6}=\frac{21}{2}=10\frac{1}{2}$

② 예 $1\frac{1}{6}\times 8=\frac{7}{\underset{3}{6}}\times\overset{4}{8}=\frac{28}{3}=9\frac{1}{3}$

③ 예 $3\frac{7}{8}\times 12=\frac{31}{\underset{2}{8}}\times\overset{3}{12}=\frac{93}{2}=46\frac{1}{2}$

④ 예 $2\frac{5}{7}\times 21=\frac{19}{\underset{1}{7}}\times\overset{3}{21}=57$

⑤ 예 $1\frac{9}{10}\times 3=\frac{19}{10}\times 3=\frac{57}{10}=5\frac{7}{10}$

⑥ 예 $4\frac{2}{9}\times 15=\frac{38}{\underset{3}{9}}\times\overset{5}{15}=\frac{190}{3}=63\frac{1}{3}$

⑦ 예 $2\frac{1}{12}\times 10=\frac{25}{\underset{6}{12}}\times\overset{5}{10}=\frac{125}{6}=20\frac{5}{6}$

⑧ 예 $3\frac{5}{16}\times 24=\frac{53}{\underset{2}{16}}\times\overset{3}{24}=\frac{159}{2}=79\frac{1}{2}$

⑨ 예 $1\frac{8}{27}\times 18=\frac{35}{\underset{3}{27}}\times\overset{2}{18}=\frac{70}{3}=23\frac{1}{3}$

⑩ 예 $2\frac{11}{25}\times 15=\frac{61}{\underset{5}{25}}\times\overset{3}{15}=\frac{183}{5}=36\frac{3}{5}$

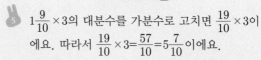

⑤ $1\frac{9}{10}\times 3$의 대분수를 가분수로 고치면 $\frac{19}{10}\times 3$이에요. 따라서 $\frac{19}{10}\times 3=\frac{57}{10}=5\frac{7}{10}$이에요.

⑩ $2\frac{11}{25}\times 15$의 대분수를 가분수로 고치면 $\frac{61}{25}\times 15$예요. 25와 15를 각각 5로 약분하면 5와 3이 돼요. 따라서 $\frac{61}{5}\times 3=\frac{183}{5}=36\frac{3}{5}$이에요.

개념 키우기 022쪽

① $43\frac{1}{3}$

② (1) $132\frac{1}{2}$　　(2) 21　　(3) $111\frac{1}{2}$

① 사용한 종이의 가로 길이는 $10\frac{5}{9}-3\frac{1}{3}=10\frac{5}{9}$ $-3\frac{3}{9}=7\frac{2}{9}$ (cm)입니다. 따라서 종이의 넓이는 $7\frac{2}{9}\times 6=\frac{65}{9}\times 6=\frac{65}{3}\times 2=\frac{130}{3}=43\frac{1}{3}$ (cm²)입니다.

② (1) 길이가 $8\frac{5}{6}$ cm인 색 테이프 15장의 길이는 모두 $8\frac{5}{6}\times 15=\frac{53}{6}\times 15=\frac{53}{2}\times 5=\frac{265}{2}=132\frac{1}{2}$ (cm)입니다.

(2) 색 테이프 15장을 $1\frac{1}{2}$ cm씩 겹치게 이어 붙일 때 총 14번 겹칩니다. 따라서 겹쳐진 부분의 길이는 $1\frac{1}{2}\times 14=\frac{3}{2}\times 14=3\times 7=21$(cm)입니다.

(3) 전체 길이에서 겹쳐진 부분의 길이를 뺍니다. 따라서 $132\frac{1}{2}-21=111\frac{1}{2}$ (cm)입니다.

개념 다시보기 023쪽

① $15\frac{3}{5}$　② $5\frac{4}{7}$　③ $3\frac{1}{4}$　④ $15\frac{1}{3}$　⑤ 57

⑥ $55\frac{1}{2}$　⑦ $32\frac{1}{2}$　⑧ $13\frac{1}{3}$　⑨ $15\frac{1}{3}$　⑩ $22\frac{1}{2}$

도전해 보세요　　023쪽

① 식: $1\frac{1}{4}\times3=3\frac{3}{4}$　　답: $3\frac{3}{4}$

② 3

> ① 수직선에서 한 번에 $1\frac{1}{4}$씩 3번 이동하였으므로
> $1\frac{1}{4}\times3=\frac{5}{4}\times3=\frac{15}{4}=3\frac{3}{4}$ 입니다.
>
> ② $\square<4\times\frac{5}{6}$에서 $4\times\frac{5}{6}$를 먼저 계산합니다.
> $4\times\frac{5}{6}$의 분모는 그대로 두고 자연수와 분자끼리
> 곱하면 $\frac{4\times5}{6}=\frac{20}{6}=\frac{10}{3}=3\frac{1}{3}$입니다.
> 따라서 $\square<3\frac{1}{3}$이므로 $\square$ 안에 들어갈 가장 큰
> 자연수는 3입니다.

3단계　(자연수)×(진분수)

배운 것을 기억해 볼까요?　　024쪽

① 2　　　② $4\frac{1}{6}$　　　③ $2\frac{2}{3}$

개념 익히기　　025쪽

① 9, 6　　② 8, 36, 5, $\frac{36}{5}$, $7\frac{1}{5}$

③ 9, 12, 5, $\frac{12}{5}$, $2\frac{2}{5}$　　④ 12, 9, 2, $\frac{9}{2}$, $4\frac{1}{2}$

⑤ 2, 3, 2, 3, $\frac{2}{3}$　　⑥ 1, 2, 1, 2, $\frac{5}{2}$, $2\frac{1}{2}$

⑦ 2, 3, 2, 3, $\frac{14}{3}$, $4\frac{2}{3}$　　⑧ 3, 2, 3, 2, $\frac{33}{2}$, $16\frac{1}{2}$

⑨ 4, 5, 4, 5, $\frac{52}{5}$, $10\frac{2}{5}$　　⑩ 11, 5, 11, 5, $\frac{99}{5}$, $19\frac{4}{5}$

개념 다지기　　026쪽

① $5\times\frac{3}{4}=\frac{5\times3}{4}=\frac{15}{4}=3\frac{3}{4}$

② $\overset{3}{6}\times\frac{7}{\underset{4}{8}}=\frac{3\times7}{4}=\frac{21}{4}=5\frac{1}{4}$

③ $9\times\frac{5}{6}=\frac{9\times5}{6}=\frac{\overset{15}{45}}{\underset{2}{6}}=\frac{15}{2}=7\frac{1}{2}$

④ $14\frac{3}{7}$

⑤ $4\times\frac{11}{12}=\frac{4\times11}{12}=\frac{\overset{11}{44}}{\underset{3}{12}}=\frac{11}{3}=3\frac{2}{3}$

⑥ $\overset{2}{10}\times\frac{14}{\underset{5}{25}}=\frac{2\times14}{5}=\frac{28}{5}=5\frac{3}{5}$

⑦ 12

⑧ $\overset{3}{12}\times\frac{7}{\underset{4}{16}}=\frac{3\times7}{4}=\frac{21}{4}=5\frac{1}{4}$

⑨ $20\times\frac{13}{15}=\frac{20\times13}{15}=\frac{\overset{52}{260}}{\underset{3}{15}}=\frac{52}{3}=17\frac{1}{3}$

⑩ $\overset{4}{24}\times\frac{\overset{3}{9}}{\underset{\underset{1}{\cancel{2}}}{18}}=4\times3=12$

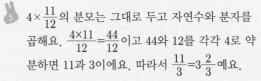

> 선생님놀이
>
> ⑤ $4\times\frac{11}{12}$의 분모는 그대로 두고 자연수와 분자를
> 곱해요. $\frac{4\times11}{12}=\frac{44}{12}$이고 44와 12를 각각 4로 약
> 분하면 11과 3이에요. 따라서 $\frac{11}{3}=3\frac{2}{3}$예요.
>
> ⑧ $12\times\frac{7}{16}$의 자연수와 분모를 약분한 뒤 자연수
> 와 분자를 곱해요. 12와 16을 각각 4로 약분하
> 면 3과 4예요. 따라서 $3\times\frac{7}{4}=\frac{3\times7}{4}=\frac{21}{4}=5\frac{1}{4}$
> 이에요.

개념 다지기　　027쪽

① 예 $\overset{2}{4}\times\frac{3}{\underset{5}{10}}=\frac{2\times3}{5}=\frac{6}{5}=1\frac{1}{5}$

② $3\times\frac{2}{5}=\frac{3\times2}{5}=\frac{6}{5}=1\frac{1}{5}$

③ 예 $\overset{3}{\cancel{12}} \times \dfrac{1}{\underset{2}{\cancel{8}}} = \dfrac{3 \times 1}{2} = \dfrac{3}{2} = 1\dfrac{1}{2}$

④ 예 $\overset{1}{\cancel{6}} \times \dfrac{5}{\cancel{6}} = 5$

⑤ 예 $\overset{2}{\cancel{10}} \times \dfrac{7}{\underset{3}{\cancel{15}}} = \dfrac{2 \times 7}{3} = \dfrac{14}{3} = 4\dfrac{2}{3}$

⑥ 예 $\overset{8}{\cancel{16}} \times \dfrac{13}{\underset{9}{\cancel{18}}} = \dfrac{8 \times 13}{9} = \dfrac{104}{9} = 11\dfrac{5}{9}$

⑦ 예 $\overset{5}{\cancel{35}} \times \dfrac{9}{\underset{2}{\cancel{14}}} = \dfrac{5 \times 9}{2} = \dfrac{45}{2} = 22\dfrac{1}{2}$

⑧ 예 $\overset{7}{\cancel{28}} \times \dfrac{11}{\underset{6}{\cancel{24}}} = \dfrac{7 \times 11}{6} = \dfrac{77}{6} = 12\dfrac{5}{6}$

⑨ 예 $\overset{5}{\cancel{20}} \times \dfrac{5}{\underset{3}{\cancel{12}}} = \dfrac{5 \times 5}{3} = \dfrac{25}{3} = 8\dfrac{1}{3}$

⑩ 예 $\overset{5}{\cancel{15}} \times \dfrac{8}{\underset{7}{\cancel{21}}} = \dfrac{5 \times 8}{7} = \dfrac{40}{7} = 5\dfrac{5}{7}$

선생님놀이

③ $12 \times \dfrac{1}{8}$ 의 자연수와 분모를 약분한 뒤 자연수와 분자를 곱해요. 12와 8을 각각 4로 약분하면 3과 2예요. 따라서 $3 \times \dfrac{1}{2} = \dfrac{3 \times 1}{2} = \dfrac{3}{2} = 1\dfrac{1}{2}$ 이에요.

⑥ $16 \times \dfrac{13}{18}$ 의 자연수와 분모를 약분한 뒤 자연수와 분자를 곱해요. 16과 18을 각각 2로 약분하면 8과 9예요.
따라서 $8 \times \dfrac{13}{9} = \dfrac{8 \times 13}{9} = \dfrac{104}{9} = 11\dfrac{5}{9}$ 예요.

개념 키우기　　　　　　　　　　**028쪽**

① 9

② (1) 식: $96 \times \dfrac{3}{4} = 72$　　　　　답: 72

　(2) 식: $72 \times \dfrac{3}{4} \times \dfrac{3}{4} = 40\dfrac{1}{2}$　　　답: $40\dfrac{1}{2}$

① 원래 있던 색종이 수에서 사용한 색종이 수를 뺍니다. 원래 24장이 있었는데 $\dfrac{5}{8}$ 만큼 사용했으므로 $24 \times \dfrac{5}{8} = 15$(장) 사용했습니다. 따라서 남은 색종이는 $24 - 15 = 9$(장)입니다.

② (1) 96 cm 높이에서 떨어뜨린 공이 $\dfrac{3}{4}$ 만큼 뛰어

올랐으므로 튀어 오른 높이는 $96 \times \dfrac{3}{4} = 24 \times 3 = 72$(cm)입니다.

(2) 공이 한 번 튀어 올랐을 때의 높이가 72 cm 이므로 공이 3번 튀어 올랐을 때의 높이는 $72 \times \dfrac{3}{4} \times \dfrac{3}{4} = \dfrac{81}{2} = 40\dfrac{1}{2}$ (cm)입니다.

개념 다시보기　　　　　　　　　　**029쪽**

① $1\dfrac{3}{5}$　② $10\dfrac{2}{7}$　③ $6\dfrac{1}{4}$　④ $2\dfrac{1}{4}$　⑤ $13\dfrac{1}{2}$

⑥ $9\dfrac{1}{3}$　⑦ $11\dfrac{2}{3}$　⑧ $8\dfrac{1}{4}$　⑨ $7\dfrac{4}{5}$　⑩ $8\dfrac{4}{7}$

도전해 보세요　　　　　　　　　　**029쪽**

① 12　　　　　② (1) $3\dfrac{1}{3}$　(2) $11\dfrac{1}{3}$

① 가영이네 반 남학생은 전체의 $\dfrac{3}{5}$ 이므로 $30 \times \dfrac{3}{5} = 6 \times 3 = 18$(명)입니다. 또 남학생의 $\dfrac{2}{3}$ 만큼 안경을 썼으므로 가영이네 반의 안경 쓴 남학생은 모두 $18 \times \dfrac{2}{3} = 6 \times 2 = 12$(명)입니다.

② (1) 대분수를 가분수로 고쳐 계산하면
$2 \times 1\dfrac{2}{3} = 2 \times \dfrac{5}{3} = \dfrac{10}{3} = 3\dfrac{1}{3}$ 입니다.

(2) 대분수를 가분수로 고쳐 계산하면
$4 \times 2\dfrac{5}{6} = 4 \times \dfrac{17}{6} = 2 \times \dfrac{17}{3} = \dfrac{34}{3} = 11\dfrac{1}{3}$ 입니다.

4단계 (자연수)×(대분수)

배운 것을 기억해 볼까요?　　　　　**030쪽**

① 2, 1　　　　　② $23\dfrac{3}{4}$

1　5, 5, 25, $12\frac{1}{2}$

2　5, 29, 3, $\frac{145}{3}$, $48\frac{1}{3}$

3　2, 41, 3, 2, 41, 3, $\frac{82}{3}$, $27\frac{1}{3}$

4　1, 67, 2, $\frac{67}{2}$, $33\frac{1}{2}$

5　2, 6, 6, $2\frac{1}{4}$, $8\frac{1}{4}$

6　2, 2, 3, 12, $\frac{4}{3}$, 12, $1\frac{1}{3}$, $13\frac{1}{3}$

7　1, 3, 5, 12, $\frac{33}{5}$, 12, $6\frac{3}{5}$, $18\frac{3}{5}$

8　1, 2, 3, 18, $\frac{14}{3}$, 18, $4\frac{2}{3}$, $22\frac{2}{3}$

1　$9 \times 1\frac{2}{15} = \overset{3}{9} \times \frac{17}{\underset{5}{15}} = \frac{51}{5} = 10\frac{1}{5}$

2　$3 \times 2\frac{3}{5} = (3 \times 2) + \left(3 \times \frac{3}{5}\right) = 6 + \frac{9}{5} = 6 + 1\frac{4}{5} = 7\frac{4}{5}$

3　$8\frac{4}{9}$

4　$16 \times 3\frac{5}{8} = (16 \times 3) + \left(\overset{2}{16} \times \frac{5}{\underset{1}{8}}\right) = 48 + 10 = 58$

5　$11 \times 4\frac{9}{22} = \overset{1}{11} \times \frac{97}{\underset{2}{22}} = \frac{97}{2} = 48\frac{1}{2}$

6　$8 \times 5\frac{3}{10} = (8 \times 5) + \left(\overset{4}{8} \times \frac{3}{\underset{5}{10}}\right)$
　　　　　$= 40 + \frac{12}{5} = 40 + 2\frac{2}{5} = 42\frac{2}{5}$

7　$18 \times 3\frac{7}{15} = \overset{6}{18} \times \frac{52}{\underset{5}{15}} = \frac{312}{5} = 62\frac{2}{5}$

8　10

9　$24 \times 1\frac{9}{16} = \overset{3}{24} \times \frac{25}{\underset{2}{16}} = \frac{75}{2} = 37\frac{1}{2}$

10　$27 \times 2\frac{5}{12} = (27 \times 2) + \left(\overset{9}{27} \times \frac{5}{\underset{4}{12}}\right)$
　　　　　$= 54 + \frac{45}{4} = 54 + 11\frac{1}{4} = 65\frac{1}{4}$

선생님놀이

2　$3 \times 2\frac{3}{5}$에서 자연수를 대분수의 자연수와 진분수에 각각 곱해요. 2와 $\frac{3}{5}$에 각각 3을 곱하면 $(3 \times 2) + \left(3 \times \frac{3}{5}\right)$이에요. 따라서 $6 + \frac{9}{5} = 6 + 1\frac{4}{5} = 7\frac{4}{5}$예요.

7　$18 \times 3\frac{7}{15}$에서 대분수를 가분수로 고치면 $18 \times \frac{52}{15}$예요. 18과 15를 각각 3으로 약분하면 6과 5가 돼요. 따라서 $6 \times \frac{52}{5} = \frac{312}{5} = 62\frac{2}{5}$예요.

1　예 $8 \times 5\frac{1}{2} = 8 \times \frac{11}{\underset{1}{2}}^{4} = 44$

2　예 $7 \times 4\frac{2}{5} = 7 \times \frac{22}{5} = \frac{154}{5} = 30\frac{4}{5}$

3　예 $16 \times 3\frac{3}{4} = 16 \times \frac{15}{\underset{1}{4}}^{4} = 60$

4　예 $6 \times 3\frac{5}{8} = \overset{3}{6} \times \frac{29}{\underset{4}{8}} = \frac{87}{4} = 21\frac{3}{4}$

5　예 $12 \times 1\frac{7}{10} = \overset{6}{12} \times \frac{17}{\underset{5}{10}} = \frac{102}{5} = 20\frac{2}{5}$

6　예 $9 \times 2\frac{1}{6} = \overset{3}{9} \times \frac{13}{\underset{2}{6}} = \frac{39}{2} = 19\frac{1}{2}$

7　예 $20 \times 3\frac{4}{15} = \overset{4}{20} \times \frac{49}{\underset{3}{15}} = \frac{196}{3} = 65\frac{1}{3}$

8　예 $14 \times 1\frac{5}{12} = \overset{7}{14} \times \frac{17}{\underset{6}{12}} = \frac{119}{6} = 19\frac{5}{6}$

9　예 $21 \times 2\frac{9}{14} = \overset{3}{21} \times \frac{37}{\underset{2}{14}} = \frac{111}{2} = 55\frac{1}{2}$

10　예 $24 \times 1\frac{7}{16} = \overset{3}{24} \times \frac{23}{\underset{2}{16}} = \frac{69}{2} = 34\frac{1}{2}$

선생님놀이

5　$12 \times 1\frac{7}{10}$의 대분수를 가분수로 고치면 $12 \times \frac{17}{10}$이에요. 12와 10을 각각 2로 약분하면 6과 5가 돼요. 따라서 $6 \times \frac{17}{5} = \frac{102}{5} = 20\frac{2}{5}$예요.

$14 \times 1\frac{5}{12}$의 대분수를 가분수로 고치면 $14 \times \frac{17}{12}$ 이에요. 14와 12를 각각 2로 약분하면 7과 6이 돼요. 따라서 $7 \times \frac{17}{6} = \frac{119}{6} = 19\frac{5}{6}$예요.

1 하루에 $5\frac{1}{2}$분씩 느려지는 시계는 7일 후에 $7 \times 5\frac{1}{2} = 7 \times \frac{11}{2} = \frac{77}{2} = 38\frac{1}{2}$(분) 느려집니다. $38\frac{1}{2}$분은 38분 30초이므로 12시에서 38분 30초를 뺍니다. 따라서 일주일 후 오후 12시에는 11시 21분 30초를 가리키고 있습니다.

2 (1) 분자와 분모를 약분하여 계산합니다.

$$\frac{2}{7} \times \frac{1}{12} = \frac{1}{7} \times \frac{1}{6} = \frac{1}{42}$$

(2) 분자와 분모를 약분하여 계산합니다.

$$\frac{4}{9} \times \frac{3}{5} = \frac{4}{3} \times \frac{1}{5} = \frac{4}{15}$$

(개념 키우기)　　　　　　　　**034쪽**

1 식: $20 \times 2\frac{2}{5} = 48$　　　　답: 48

2 (1) 식: $8000 \times 2\frac{3}{16} = 17500$　　　답: 17500

(2) 식: $17500 \times 1\frac{4}{25} = 20300$　　　답: 20300

---

1 민주는 사탕을 20개 가지고 있고, 서준이는 민주가 가진 사탕의 $2\frac{2}{5}$배를 가지고 있으므로 서준이가 가진 사탕은 $20 \times 2\frac{2}{5} = 20 \times \frac{12}{5} = 4 \times 12 = 48$(개)입니다.

2 (1) 민지는 8000원을 저금했고, 수아는 민지의 $2\frac{3}{16}$배 저금했으므로 수아가 이번 달에 저금한 금액은 $8000 \times 2\frac{3}{16} = 8000 \times \frac{35}{16} = 500 \times 35 = 17500$(원)입니다.

(2) 민지는 17500원을 저금했고, 준희는 민지의 $1\frac{4}{25}$배 저금했으므로 준희가 이번 달에 저금한 금액은 $17500 \times 1\frac{4}{25} = 17500 \times \frac{29}{25} = 700 \times 29 = 20300$(원)입니다.

(개념 다시보기)　　　　　　　　**035쪽**

1 $10\frac{2}{3}$　2 $11\frac{1}{3}$　3 $24\frac{3}{4}$　4 $46\frac{1}{2}$　5 68

6 $70\frac{2}{3}$　7 $49\frac{1}{2}$　8 66　9 57　10 $46\frac{1}{5}$

(도전해 보세요)　　　　　　　　**035쪽**

1 11, 21, 30　　　2 (1) $\frac{1}{42}$　　(2) $\frac{4}{15}$

5단계 (진분수)×(진분수)

(배운 것을 기억해 볼까요?)　　　　　　**036쪽**

1 $12\frac{1}{2}$　　　　　2 $3\frac{1}{2}$

(개념 익히기)　　　　　　　　**037쪽**

1 (위에서부터) 2, 1, 3, 3, $\frac{2}{9}$

2 (위에서부터) 1, 3, 2, 4, $\frac{3}{8}$

3 (위에서부터) 2, 3, 5, 5, $\frac{6}{25}$

4 (위에서부터) 2, 4, 3, 5, $\frac{8}{15}$

5 (위에서부터) 5, 4, 7, 9, $\frac{20}{63}$

6 (위에서부터) 7, 3, 10, 5, $\frac{21}{50}$

7 (위에서부터) 1, 1, 1, 3, $\frac{1}{3}$

8 (위에서부터) 1, 1, 4, 1, $\frac{1}{4}$

9 (위에서부터) 1, 1, 3, 2, 1, 1, 3, 2, $\frac{1}{6}$

10 (위에서부터) 1, 2, 1, 3, 1, 2, 1, 3, $\frac{2}{3}$

1. $\dfrac{2}{3} \times \dfrac{3}{4} = \dfrac{2 \times 3}{3 \times 4} = \dfrac{1}{2}$

2. $\dfrac{5}{8} \times \dfrac{2}{15} = \dfrac{1}{12}$

3. $\dfrac{7}{10} \times \dfrac{5}{14} = \dfrac{7 \times 5}{10 \times 14} = \dfrac{1}{4}$

4. $\dfrac{4}{15} \times \dfrac{3}{10} = \dfrac{2}{25}$

5. $\dfrac{3}{5} \times \dfrac{5}{7} = \dfrac{3 \times 5}{5 \times 7} = \dfrac{3}{7}$

6. $\dfrac{4}{9} \times \dfrac{3}{8} = \dfrac{1}{6}$

7. $\dfrac{5}{6} \times \dfrac{2}{15} = \dfrac{5 \times 2}{6 \times 15} = \dfrac{1}{9}$

8. $\dfrac{11}{12} \times \dfrac{9}{11} = \dfrac{3}{4}$

9. $\dfrac{3}{16} \times \dfrac{2}{9} = \dfrac{3 \times 2}{16 \times 9} = \dfrac{1}{24}$

10. $\dfrac{14}{15} \times \dfrac{10}{21} = \dfrac{4}{9}$

 선생님놀이

3. $\dfrac{7}{10} \times \dfrac{5}{14}$의 분모는 분모끼리 분자는 분자끼리 곱하면 $\dfrac{7 \times 5}{10 \times 14}$예요. 7과 14를 각각 7로 약분하면 1과 2가 되고, 5와 10을 각각 5로 약분하면 1과 2가 돼요. 따라서 $\dfrac{1 \times 1}{2 \times 2} = \dfrac{1}{4}$이에요.

9. $\dfrac{3}{16} \times \dfrac{2}{9}$의 분모는 분모끼리 분자는 분자끼리 곱하면 $\dfrac{3 \times 2}{16 \times 9}$예요. 3과 9를 각각 3으로 약분하면 1과 3이 되고, 2와 16을 각각 2로 약분하면 1과 8이 돼요. 따라서 $\dfrac{1 \times 1}{8 \times 3} = \dfrac{1}{24}$이에요.

1. 예 $\dfrac{3}{4} \times \dfrac{5}{7} = \dfrac{15}{28}$

2. 예 $\dfrac{2}{3} \times \dfrac{6}{8} = \dfrac{1}{2}$

3. 예 $\dfrac{4}{7} \times \dfrac{1}{2} = \dfrac{2}{7}$

4. 예 $\dfrac{4}{9} \times \dfrac{2}{5} = \dfrac{8}{45}$

5. 예 $\dfrac{2}{11} \times \dfrac{3}{4} = \dfrac{3}{22}$

6. 예 $\dfrac{3}{8} \times \dfrac{4}{5} = \dfrac{3}{10}$

7. 예 $\dfrac{5}{6} \times \dfrac{9}{10} = \dfrac{3}{4}$

8. 예 $\dfrac{11}{12} \times \dfrac{6}{33} = \dfrac{1}{6}$

9. 예 $\dfrac{7}{18} \times \dfrac{9}{14} = \dfrac{1}{4}$

10. 예 $\dfrac{3}{35} \times \dfrac{14}{15} = \dfrac{2}{25}$

 선생님놀이

4. $\dfrac{4}{9} \times \dfrac{2}{5}$에서 분모는 분모끼리 분자는 분자끼리 곱하면 $\dfrac{4 \times 2}{9 \times 5} = \dfrac{8}{45}$이에요.

5. $\dfrac{2}{11} \times \dfrac{3}{4}$에서 2와 4를 각각 2로 약분하면 1과 2가 돼요. 분모는 분모끼리 분자는 분자끼리 곱하면 $\dfrac{1 \times 3}{11 \times 2} = \dfrac{3}{22}$이에요.

1. 식: $\dfrac{9}{10} \times \dfrac{2}{3} = \dfrac{3}{5}$ 답: $\dfrac{3}{5}$

2. (1) 식: $\left(1 - \dfrac{3}{5}\right) \times \dfrac{3}{4} = \dfrac{3}{10}$ 답: $\dfrac{3}{10}$

    (2) 식: $1 - \left(\dfrac{3}{5} + \dfrac{3}{10}\right) = \dfrac{1}{10}$ 답: $\dfrac{1}{10}$

    (3) 192

1. 길이가 $\dfrac{9}{10}$ m인 색실의 $\dfrac{2}{3}$만큼 사용하였으므로 $\dfrac{9}{10} \times \dfrac{2}{3} = \dfrac{3}{5}$ (m) 사용하였습니다.

2. (1) 민주가 어제 책을 읽고 난 나머지의 $\dfrac{3}{4}$만큼을 오늘 읽었으므로 $\left(1 - \dfrac{3}{5}\right) \times \dfrac{3}{4} = \dfrac{2}{5} \times \dfrac{3}{4}$ $= \dfrac{1}{5} \times \dfrac{3}{2} = \dfrac{3}{10}$만큼 읽었습니다.

    (2) 어제 전체의 $\dfrac{3}{5}$을 읽었고 오늘은 전체의 $\dfrac{3}{10}$을 읽었습니다. 따라서 내일 읽을 양은 전체의 $1 - \left(\dfrac{3}{5} + \dfrac{3}{10}\right) = \dfrac{1}{10}$입니다.

    (3) 책 한 권이 320쪽인데 어제 전체의 $\dfrac{3}{5}$만큼을 읽었으므로 $320 \times \dfrac{3}{5} = 192$(쪽) 읽었습니다.

1. $\dfrac{1}{8}$ 2. $\dfrac{2}{7}$ 3. $\dfrac{7}{12}$ 4. $\dfrac{8}{15}$

⑤ $\dfrac{3}{5}$　　⑥ $\dfrac{1}{6}$　　⑦ $\dfrac{4}{35}$　　⑧ $\dfrac{5}{8}$　　⑨ $\dfrac{9}{13}$

⑦ $\dfrac{1}{42}$　　⑧ $\dfrac{1}{18}$　　⑨ $\dfrac{1}{44}$

⑩ $\dfrac{1}{60}$　　⑪ $\dfrac{1}{60}$

도전해 보세요　　041쪽

❶ 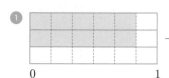 $\dfrac{5}{9}$

❷ (1) $\dfrac{1}{6}$　(2) $\dfrac{1}{32}$

❶ 직사각형이 3줄씩 6칸으로 나뉘어 있습니다. 따라서 전체의 $\dfrac{2}{3}$는 가로 두 줄을 의미합니다. 또한 $\dfrac{2}{3} \times \dfrac{5}{6}$는 가로 두 줄에서 세로로 다섯 칸만큼을 의미합니다. 이를 계산해보면 $\dfrac{2}{3} \times \dfrac{5}{6}$에서 2와 6을 각각 2로 약분하면 1과 3이 됩니다. 따라서 $\dfrac{1}{3} \times \dfrac{5}{3} = \dfrac{5}{9}$입니다.

❷ (1) $\dfrac{1}{2} \times \dfrac{1}{3}$에서 분모는 분모끼리 분자는 분자끼리 곱합니다. 따라서 $\dfrac{1\times1}{2\times3} = \dfrac{1}{6}$입니다.

(2) $\dfrac{1}{4} \times \dfrac{1}{8}$에서 분모는 분모끼리 분자는 분자끼리 곱합니다. 따라서 $\dfrac{1\times1}{4\times8} = \dfrac{1}{32}$입니다.

6단계 (단위분수)×(단위분수)

배운 것을 기억해 볼까요?　　042쪽

❶ (위에서부터) $\dfrac{3}{10}$, $\dfrac{3}{7}$, $\dfrac{3}{5}$, $\dfrac{3}{14}$

❷ (위에서부터) $\dfrac{5}{9}$, $\dfrac{7}{55}$, $\dfrac{2}{11}$, $\dfrac{7}{18}$

개념 익히기　　043쪽

❶ 2, 3, 6　　❷ $\dfrac{1}{15}$　　❸ $\dfrac{1}{12}$

❹ $\dfrac{1}{48}$　　❺ $\dfrac{1}{28}$　　❻ $\dfrac{1}{72}$

개념 다지기　　044쪽

❶ $\dfrac{1}{10}$　❷ $\dfrac{1}{20}$　❸ $\dfrac{1}{21}$　❹ $\dfrac{1}{40}$　❺ $\dfrac{1}{63}$

❻ $\dfrac{5}{24}$　❼ $\dfrac{1}{24}$　❽ $\dfrac{1}{48}$　❾ $\dfrac{1}{60}$　❿ $\dfrac{1}{52}$

⓫ $\dfrac{1}{10}$　⓬ $\dfrac{1}{32}$　⓭ $\dfrac{20}{99}$　⓮ $\dfrac{1}{70}$　⓯ $\dfrac{1}{51}$

선생님놀이

❹ $\dfrac{1}{10} \times \dfrac{1}{4}$에서 분모는 분모끼리 분자는 분자끼리 곱합니다. 따라서 $\dfrac{1\times1}{10\times4} = \dfrac{1}{40}$이에요.

⓬ $\dfrac{1}{16} \times \dfrac{1}{2}$에서 분모는 분모끼리 분자는 분자끼리 곱합니다. 따라서 $\dfrac{1\times1}{16\times2} = \dfrac{1}{32}$입니다.

개념 다지기　　045쪽

❶ $\dfrac{1}{3} \times \dfrac{1}{4} = \dfrac{1}{12}$　　❷ $\dfrac{1}{6} \times \dfrac{1}{6} = \dfrac{1}{36}$

❸ $\dfrac{1}{7} \times \dfrac{1}{3} = \dfrac{1}{21}$　　❹ $\dfrac{1}{5} \times \dfrac{1}{4} = \dfrac{1}{20}$

❺ $\dfrac{1}{5} \times \dfrac{1}{5} = \dfrac{1}{25}$　　❻ $\dfrac{1}{9} \times \dfrac{1}{2} = \dfrac{1}{18}$

❼ $\dfrac{1}{6} \times \dfrac{1}{4} = \dfrac{1}{24}$

선생님놀이

❸ $\dfrac{1}{7} \times \dfrac{1}{3}$에서 분모는 분모끼리 분자는 분자끼리 곱합니다. 따라서 $\dfrac{1\times1}{7\times3} = \dfrac{1}{21}$입니다.

❻ $\dfrac{1}{9} \times \dfrac{1}{2}$에서 분모는 분모끼리 분자는 분자끼리 곱합니다. 따라서 $\dfrac{1\times1}{9\times2} = \dfrac{1}{18}$입니다.

개념 키우기　　046쪽

❶ 식: $\dfrac{1}{2} \times \dfrac{1}{4} = \dfrac{1}{8}$　　답: $\dfrac{1}{8}$

② (1) $\frac{1}{2}$　　　(2) $\frac{1}{8}$　　　(3) $\frac{1}{24}$, 64

① 병에 들어 있는 물 $\frac{1}{2}$ L 중에서 $\frac{1}{4}$만큼을 마셨
　으므로 $\frac{1}{2} \times \frac{1}{4} = \frac{1}{8}$(L)입니다.

② (1) 지민이는 도화지의 $\frac{1}{2}$만큼을 칠했으므로 칠
　　하지 않은 부분은 전체의 $1 - \frac{1}{2} = \frac{1}{2}$입니다.

　(2) 효나는 지민이가 칠하지 않은 부분의 $\frac{3}{4}$만큼
　　을 칠했으므로 지민이가 칠하지 않은 부분의
　　$\left(1 - \frac{3}{4}\right) = \frac{1}{4}$만큼을 칠하지 않았습니다. 따라
　　서 전체의 $\frac{1}{2} \times \frac{1}{4} = \frac{1}{8}$입니다.

　(3) 민주는 나머지 부분의 $\frac{2}{3}$만큼을 칠했으므로
　　나머지 부분의 $\left(1 - \frac{2}{3}\right) = \frac{1}{3}$만큼을 칠하지 않
　　았습니다. 따라서 지민, 효나, 민주가 칠하지
　　않은 부분은 전체의 $\frac{1}{8} \times \frac{1}{3} = \frac{1}{24}$입니다. 또한
　　그 넓이는 $48 \times 32 \times \frac{1}{24} = 64$(cm²)입니다.

개념 다시보기　　　　　**047쪽**

① $\frac{1}{4}$　② $\frac{1}{18}$　③ $\frac{1}{35}$　④ $\frac{1}{32}$　⑤ $\frac{1}{45}$

⑥ $\frac{1}{24}$　⑦ $\frac{1}{18}$　⑧ $\frac{1}{120}$　⑨ $\frac{1}{33}$

도전해 보세요　　　　　**047쪽**

① 식: $\frac{1}{8} \times \frac{1}{9} = \frac{1}{72}$ 또는 $\frac{1}{9} \times \frac{1}{8} = \frac{1}{72}$　답: $\frac{1}{72}$

② (1) $2\frac{1}{2}$　　　　(2) $7\frac{7}{8}$

① 분수의 곱셈 결과가 가장 작으려면 분모가 가장
　커야 합니다. 따라서 8과 9를 분모로 하여 곱셈
　식을 만들면 $\frac{1}{8} \times \frac{1}{9} = \frac{1}{72}$ 또는 $\frac{1}{9} \times \frac{1}{8} = \frac{1}{72}$입
　니다.

② (1) 대분수를 가분수로 고쳐 계산하면 $1\frac{1}{2} \times 1\frac{2}{3}$
　　$= \frac{3}{2} \times \frac{5}{3}$입니다. 3과 3을 각각 3으로 약분

하면 1과 1이 됩니다. 따라서 $\frac{1}{2} \times \frac{5}{1} = \frac{5}{2}$
$= 2\frac{1}{2}$입니다.

　(2) 대분수를 가분수로 고쳐 계산하면
　　$2\frac{1}{4} \times 3\frac{1}{2} = \frac{9}{4} \times \frac{7}{2}$입니다.

　　따라서 $\frac{63}{8} = 7\frac{7}{8}$입니다.

7단계 (대분수)×(대분수)

배운 것을 기억해 볼까요?　　　**048쪽**

① $8\frac{2}{3}$　　　② $\frac{1}{3}$　　　③ $\frac{1}{14}$

개념 익히기　　　　　**049쪽**

① 2, 1, $\frac{24}{5}$, $4\frac{4}{5}$

② (위에서부터) 2, 6, 11, 1, $\frac{22}{5}$, $4\frac{2}{5}$

③ (위에서부터) 3, 7, 9, 14, 2, 1, $\frac{21}{2}$, $10\frac{1}{2}$

④ (위에서부터) 3, 4, 9, 8, 1, 1, $\frac{12}{1}$, 12

⑤ (위에서부터) 3, 17, 9, 2, $\frac{51}{8}$, $6\frac{3}{8}$

⑥ (위에서부터) 3, 13, 12, 1, $\frac{39}{5}$, $7\frac{4}{5}$

⑦ (위에서부터) 1, 9, 7, 18, 1, 1, $\frac{9}{1}$, 9

⑧ (위에서부터) 3, 5, 21, 10, 4, 1, $\frac{15}{4}$, $3\frac{3}{4}$

개념 다지기　　　　　**050쪽**

① $8\frac{3}{4}$　② 12　③ 6　④ $6\frac{5}{18}$　⑤ $2\frac{1}{4}$　⑥ $4\frac{4}{5}$

⑦ $\frac{3}{8}$　⑧ $6\frac{3}{4}$　⑨ $2\frac{4}{5}$　⑩ $5\frac{5}{6}$　⑪ 5　⑫ 22

선생님놀이 🐰

🐰 대분수를 가분수로 고쳐 계산하면 $2\frac{1}{10} \times 2\frac{2}{7}$

$=\dfrac{21}{10}\times\dfrac{16}{7}$ 이에요. 21과 7을 각각 7로 약분하면 3과 1이 되고 16과 10을 각각 2로 약분하면 8과 5가 돼요. 따라서 $\dfrac{3}{5}\times\dfrac{8}{1}=\dfrac{24}{5}=4\dfrac{4}{5}$ 예요.

대분수를 가분수로 고쳐 계산하면 $2\dfrac{5}{8}\times1\dfrac{1}{15}$ $=\dfrac{21}{8}\times\dfrac{16}{15}$ 이에요. 21과 15를 각각 3으로 약분하면 7과 5가 되고 16과 8을 각각 8로 약분하면 2와 1이 돼요. 따라서 $\dfrac{7}{1}\times\dfrac{2}{5}=\dfrac{14}{5}=2\dfrac{4}{5}$ 예요.

대분수를 가분수로 고쳐 계산하면 $6\dfrac{2}{3}\times3\dfrac{1}{10}$ $=\dfrac{20}{3}\times\dfrac{31}{10}$ 이에요. 20과 10을 각각 10으로 약분하면 2와 1이 돼요. 따라서 $\dfrac{2}{3}\times\dfrac{31}{1}=\dfrac{62}{3}$ $=20\dfrac{2}{3}$ 예요.

---

① 예 $3\dfrac{1}{3}\times1\dfrac{2}{15}=\dfrac{\overset{2}{10}}{3}\times\dfrac{17}{15}=\dfrac{34}{9}=3\dfrac{7}{9}$

② 예 $1\dfrac{2}{3}\times2\dfrac{1}{2}=\dfrac{5}{3}\times\dfrac{5}{2}=\dfrac{25}{6}=4\dfrac{1}{6}$

③ 예 $7\dfrac{1}{2}\times1\dfrac{1}{5}=\dfrac{\overset{3}{15}}{\underset{1}{2}}\times\dfrac{\overset{3}{6}}{\underset{1}{5}}=9$

④ 예 $5\dfrac{5}{6}\times1\dfrac{2}{7}=\dfrac{35}{\underset{2}{6}}\times\dfrac{\overset{3}{9}}{\underset{1}{7}}=\dfrac{15}{2}=7\dfrac{1}{2}$

⑤ 예 $3\dfrac{3}{5}\times2\dfrac{1}{12}=\dfrac{\overset{3}{18}}{5}\times\dfrac{\overset{5}{25}}{\underset{2}{12}}=\dfrac{15}{2}=7\dfrac{1}{2}$

⑥ 예 $6\dfrac{2}{3}\times3\dfrac{1}{10}=\dfrac{20}{3}\times\dfrac{31}{10}=\dfrac{62}{3}=20\dfrac{2}{3}$

⑦ 예 $2\dfrac{2}{7}\times1\dfrac{3}{4}=\dfrac{\overset{4}{16}}{\underset{1}{7}}\times\dfrac{\overset{1}{7}}{\underset{1}{4}}=4$

⑧ 예 $3\dfrac{3}{8}\times2\dfrac{4}{9}=\dfrac{\overset{3}{27}}{8}\times\dfrac{\overset{11}{22}}{\underset{1}{9}}=\dfrac{33}{4}=8\dfrac{1}{4}$

⑨ 예 $5\dfrac{2}{5}\times4\dfrac{5}{9}=\dfrac{\overset{3}{27}}{5}\times\dfrac{41}{\underset{1}{9}}=\dfrac{123}{5}=24\dfrac{3}{5}$

⑩ 예 $1\dfrac{7}{15}\times2\dfrac{5}{8}=\dfrac{\overset{11}{22}}{\underset{5}{15}}\times\dfrac{\overset{7}{21}}{\underset{4}{8}}=\dfrac{77}{20}=3\dfrac{17}{20}$

③ 대분수를 가분수로 고쳐 계산하면 $7\dfrac{1}{2}\times1\dfrac{1}{5}$ $=\dfrac{15}{2}\times\dfrac{6}{5}$ 이에요. 15와 5를 각각 3으로 약분하면 3과 1이 되고 6과 2를 각각 2로 약분하면 3과 1이 돼요. 따라서 $\dfrac{3}{1}\times\dfrac{3}{1}=\dfrac{9}{1}=9$ 예요.

---

① 식: $2\dfrac{3}{4}\times4\dfrac{5}{6}=13\dfrac{7}{24}$ 답: $13\dfrac{7}{24}$

② (1) 식: $4\dfrac{2}{3}\times4\dfrac{2}{3}=21\dfrac{7}{9}$ 답: $21\dfrac{7}{9}$

  (2) 식: $5\dfrac{3}{5}\times3\dfrac{1}{2}=19\dfrac{3}{5}$ 답: $19\dfrac{3}{5}$

  (3) 현수

---

① 철근 1 m의 무게가 $2\dfrac{3}{4}$ kg이므로 $4\dfrac{5}{6}$ m의 무게는 $2\dfrac{3}{4}\times4\dfrac{5}{6}$ kg입니다. 대분수를 가분수로 고쳐 계산하면 $\dfrac{11}{4}\times\dfrac{29}{6}=\dfrac{319}{24}=13\dfrac{7}{24}$ (kg)입니다.

② (1) 한 변이 $4\dfrac{2}{3}$ m인 정사각형 모양의 텃밭의 넓이는 $4\dfrac{2}{3}\times4\dfrac{2}{3}$ cm²입니다. 대분수를 가분수로 고쳐 계산하면 $\dfrac{14}{3}\times\dfrac{14}{3}=\dfrac{196}{9}=21\dfrac{7}{9}$ (m²)입니다

  (2) 가로가 $5\dfrac{3}{5}$ m, 세로가 $3\dfrac{1}{2}$ m인 직사각형 모양의 텃밭의 넓이는 $5\dfrac{3}{5}\times3\dfrac{1}{2}$ cm²입니다. 대분수를 가분수로 고쳐 계산하면 $\dfrac{28}{5}\times\dfrac{7}{2}$ m²입니다. 28과 2를 각각 2로 약분하면 14와 1이 되므로 $\dfrac{14}{5}\times\dfrac{7}{1}=\dfrac{98}{5}=19\dfrac{3}{5}$ (m²)입니다.

  (3) $19\dfrac{3}{5}<21\dfrac{7}{9}$ 이므로 현수네 모둠의 텃밭이 더 넓습니다.

---

① $5\dfrac{5}{6}$ ② 4 ③ $6\dfrac{1}{4}$ ④ $9\dfrac{5}{7}$

⑤ $4\frac{2}{3}$ ⑥ $2\frac{1}{2}$ ⑦ $4\frac{1}{2}$ ⑧ 20

도전해 보세요 053쪽

① 10   ② (1) $\frac{1}{10}$ (2) $\frac{1}{2}$

---

① 평행사변형의 넓이를 구하려면 밑변과 높이의 길이를 곱하면 됩니다. 따라서 $4\frac{3}{8}\times2\frac{2}{7}$ 를 가분수로 고쳐 계산하면 $\frac{35}{8}\times\frac{16}{7}=\frac{5}{1}\times\frac{2}{1}=\frac{10}{1}$ $=10(cm^2)$입니다.

② (1) 분모는 분모끼리 분자는 분자끼리 곱합니다.
따라서 $\frac{3}{4}\times\frac{2}{5}\times\frac{1}{3}=\frac{6}{60}=\frac{1}{10}$ 입니다.
(2) 대분수를 가분수로 바꾸고 분모는 분모끼리 분자는 분자끼리 곱합니다.
따라서 $\frac{3}{7}\times\frac{2}{3}\times\frac{7}{4}=\frac{42}{84}=\frac{1}{2}$ 입니다.

8단계 세 분수의 곱셈

◀ 배운 것을 기억해 볼까요? 054쪽

① (1) $\frac{1}{20}$ (2) $\frac{1}{20}$ ② (1) $3\frac{34}{45}$ (2) $3\frac{4}{15}$

개념 익히기 055쪽

① (위에서부터) 2, 4, 6, 3, 1, 10, 21, 7, 1, 1, $\frac{1}{7}$

② (위에서부터) 1, 7, 3, 14, 2, 5, 1, 1, 7, 10, 1, 2, $\frac{1}{2}$

③ (위에서부터) 8, 7, 4, 8, 7, 3, 4, 28, 15, 1, $\frac{8}{15}$

④ (위에서부터) 1, 1, 1, 2, 1, 1, 1, 1, 2, 5, $\frac{1}{10}$

⑤ (위에서부터) 1, 1, 9, 1, 1, $\frac{1}{3}$

⑥ (위에서부터) 1, 1, 9, 2, 1, $\frac{3}{14}$

⑦ (위에서부터) 7, 1, 2, 21, 5, 16, 1, 1, 3, $\frac{14}{3}$, $4\frac{2}{3}$

개념 다지기 056쪽

① $\frac{3}{4}\times\frac{2}{5}\times\frac{5}{12}=\left(\frac{3}{4}\times\frac{2}{5}\right)\times\frac{5}{12}=\frac{3}{10}\times\frac{5}{12}=\frac{1}{8}$

② $1\frac{1}{6}\times\frac{5}{8}\times\frac{3}{7}=\frac{7}{6}\times\frac{5}{8}\times\frac{3}{7}=\frac{5}{16}$

③ $\frac{5}{6}\times8\times\frac{4}{15}=\left(\frac{5}{6}\times8\right)\times\frac{4}{15}=\frac{20}{3}\times\frac{4}{15}=\frac{16}{9}=1\frac{7}{9}$

④ $\frac{9}{20}$

⑤ $\frac{7}{12}\times1\frac{3}{5}\times\frac{6}{21}=\frac{7}{12}\times\frac{8}{5}\times\frac{6}{21}=\left(\frac{7}{12}\times\frac{8}{5}\right)\times\frac{6}{21}$
$=\frac{14}{15}\times\frac{6}{21}=\frac{4}{15}$

⑥ $\frac{2}{7}\times1\frac{3}{4}\times1\frac{5}{10}=\frac{2}{7}\times\frac{7}{4}\times\frac{15}{10}=\frac{3}{4}$

⑦ $\frac{29}{30}$

⑧ $\frac{5}{9}\times3\frac{3}{7}\times2\frac{1}{4}=\frac{5}{9}\times\frac{24}{7}\times\frac{9}{4}=\frac{30}{7}=4\frac{2}{7}$

⑨ $\frac{4}{5}\times\frac{3}{8}\times2\frac{1}{12}=\frac{4}{5}\times\frac{3}{8}\times\frac{25}{12}=\left(\frac{4}{5}\times\frac{3}{8}\right)\times\frac{25}{12}$
$=\frac{3}{10}\times\frac{25}{12}=\frac{5}{8}$

⑩ $1\frac{5}{8}\times1\frac{7}{14}\times2\frac{1}{3}=\frac{13}{8}\times\frac{21}{14}\times\frac{7}{3}=\frac{91}{16}=5\frac{11}{16}$

선생님놀이

🐰 앞의 두 수부터 차례로 계산하면 $\left(\frac{5}{6}\times8\right)\times\frac{4}{15}$ 예요. 6과 8을 각각 2로 약분하면여 3과 4가 되므로 $\left(\frac{5}{3}\times4\right)\times\frac{4}{15}=\frac{20}{3}\times\frac{4}{15}$예요. 20과 15를 각각 5로 약분하면 4와 3이 되므로 $\frac{4}{3}\times\frac{4}{3}=\frac{16}{9}$ $=1\frac{7}{9}$이에요.

🐰 대분수를 가분수로 고치면 $\frac{5}{9}\times\frac{24}{7}\times\frac{9}{4}$ 예요. 9와 9를 각각 9로 약분하면 1과 1이 되고, 24와 4를 각각 4로 약분하면 6과 1이 돼요. 따라서 $\frac{5}{1}\times\frac{6}{7}\times\frac{1}{1}=\frac{30}{7}=4\frac{2}{7}$예요.

1 예 $\dfrac{\overset{1}{\cancel{3}}}{\cancel{4}} \times \dfrac{2}{\cancel{9}} \times \dfrac{\cancel{4}}{5} = \dfrac{2}{15}$

2 예 $\dfrac{7}{10} \times \dfrac{5}{6} \times 1\dfrac{11}{14} = \dfrac{7}{\underset{2}{10}} \times \dfrac{5}{6} \times \dfrac{25}{\underset{2}{14}} = \dfrac{25}{24} = 1\dfrac{1}{24}$

3 예 $2\dfrac{1}{3} \times 1\dfrac{1}{15} \times 2\dfrac{5}{8} = \dfrac{7}{3} \times \dfrac{\overset{2}{\cancel{16}}}{15} \times \dfrac{\overset{7}{\cancel{21}}}{\cancel{8}} = \dfrac{98}{15} = 6\dfrac{8}{15}$

4 예 $4\dfrac{1}{2} \times \dfrac{5}{12} \times 2\dfrac{2}{3} = \dfrac{\overset{1}{\cancel{9}}}{\cancel{2}} \times \dfrac{5}{\underset{1}{12}} \times \dfrac{\overset{1}{\cancel{8}}}{\cancel{3}} = 5$

5 예 $2\dfrac{2}{5} \times 3\dfrac{3}{4} \times \dfrac{7}{20} = \dfrac{\overset{3}{\cancel{12}}}{5} \times \dfrac{\overset{3}{\cancel{15}}}{\cancel{4}} \times \dfrac{7}{20} = \dfrac{63}{20} = 3\dfrac{3}{20}$

6 예 $3\dfrac{3}{4} \times 2\dfrac{1}{10} \times 1\dfrac{1}{7} = \dfrac{15}{\cancel{4}} \times \dfrac{\overset{3}{\cancel{21}}}{\underset{2}{10}} \times \dfrac{\overset{2}{\cancel{8}}}{7} = 9$

7 예 $2\dfrac{1}{5} \times 1\dfrac{5}{22} \times 2\dfrac{2}{9} = \dfrac{11}{5} \times \dfrac{\overset{1}{\cancel{27}}}{\underset{2}{22}} \times \dfrac{\overset{2}{\cancel{20}}}{9} = 6$

8 예 $1\dfrac{7}{8} \times 3\dfrac{1}{3} \times 1\dfrac{1}{15} = \dfrac{15}{8} \times \dfrac{10}{3} \times \dfrac{16}{15} = \dfrac{20}{3} = 6\dfrac{2}{3}$

선생님놀이

🐰 $\dfrac{3}{4} \times \dfrac{2}{9} \times \dfrac{4}{5}$ 에서 4와 4를 각각 4로 약분하여 1과 1이 되고, 3과 9를 각각 3으로 약분하여 1과 3이 되므로 $\dfrac{1}{1} \times \dfrac{2}{3} \times \dfrac{1}{5} = \dfrac{2}{15}$ 예요.

🐰 대분수를 가분수로 고치면 $\dfrac{15}{4} \times \dfrac{21}{10} \times \dfrac{8}{7}$ 이에요. 21과 7을 각각 7로 약분하여 3과 1이 되고, 8과 4를 각각 4로 약분하면 2와 1이 돼요. 또 15와 10을 각각 5로 약분하면 3과 2가 되므로 $\dfrac{3}{1} \times \dfrac{3}{2} \times \dfrac{2}{1}$ 예요. 2와 2를 각각 2로 약분하면 1과 1이 되므로 $\dfrac{3}{1} \times \dfrac{3}{1} \times \dfrac{1}{1} = 9$ 예요.

1 식: $\dfrac{4}{7} \times \dfrac{5}{12} \times \dfrac{3}{10} = \dfrac{1}{14}$　　　답: $\dfrac{1}{14}$

2 (1) 식: $780\dfrac{3}{10} \times \dfrac{5}{9} = 433\dfrac{1}{2}$　　답: $433\dfrac{1}{2}$

　(2) 식: $\dfrac{5}{9} \times \dfrac{3}{17} = \dfrac{5}{51}$　　　답: $\dfrac{5}{51}$

　(3) 식: $780\dfrac{3}{10} \times \dfrac{5}{51} = 76\dfrac{1}{2}$　　답: $76\dfrac{1}{2}$

---

1 학급 문고의 $\dfrac{4}{7}$ 는 역사책이고 그중의 $\dfrac{5}{12}$ 가 한국사 책, 또 한국사 책 중에 $\dfrac{3}{10}$ 이 만화책이므로 만화로 된 한국사 책은 전체의 $\dfrac{4}{7} \times \dfrac{5}{12} \times \dfrac{3}{10} = \dfrac{1}{7} \times \dfrac{1}{1} \times \dfrac{1}{2} = \dfrac{1}{14}$ 입니다.

2 (1) 게시판의 $\dfrac{5}{9}$ 를 행사 안내가 차지하고 있으므로 그 넓이는 $780\dfrac{3}{10} \times \dfrac{5}{9} = \dfrac{7803}{10} \times \dfrac{5}{9}$ $= \dfrac{867}{2} \times \dfrac{1}{1} = \dfrac{867}{2} = 433\dfrac{1}{2}$ (cm²)입니다.

　(2) 행사안내의 $\dfrac{3}{17}$ 을 도서관 행사 내용이 차지하고 있으므로 전체의 $\dfrac{5}{9} \times \dfrac{3}{17} = \dfrac{5}{51}$ 입니다.

　(3) 전체의 $\dfrac{5}{51}$ 를 도서관 행사 내용이 차지하고 있으므로 그 넓이는 $780\dfrac{3}{10} \times \dfrac{5}{51} = \dfrac{7803}{10} \times$ $\dfrac{5}{51} = \dfrac{153}{2} \times \dfrac{1}{1} = \dfrac{153}{2} = 76\dfrac{1}{2}$ (cm²)입니다.

1 $\dfrac{3}{40}$　　2 $\dfrac{2}{5}$　　3 $\dfrac{2}{7}$　　4 $\dfrac{1}{30}$

5 $5\dfrac{1}{2}$　　6 $\dfrac{5}{7}$　　7 1　　8 7

1 945

2

① 직사각형의 넓이는 가로와 세로를 곱하여 계산합니다. 따라서 타일의 넓이와 개수를 곱하면 $4\frac{3}{8} \times 3\frac{3}{5} \times 60 = \frac{35}{8} \times \frac{18}{5} \times 60 = \frac{7}{1} \times \frac{9}{1} \times 15 = 945(\text{cm}^2)$입니다.

② 직사각형의 $\frac{1}{3}$만큼의 크기를 3배 하면 크기가 1인 직사각형을 완성할 수 있습니다.

9단계 분수의 곱셈으로
크기가 1인 직사각형 만들기

◀ 배운 것을 기억해 볼까요?　　060쪽

1 $2\frac{1}{4}$　　　2 2　　　3 1

개념 익히기　　061쪽

1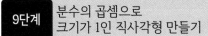

2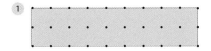

3

4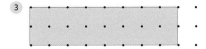

5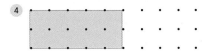

6

7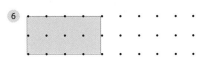

8

개념 다지기　　062쪽

1 3

2 4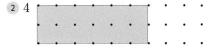

3 6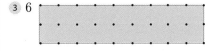

4 8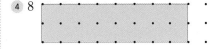

5 2

6 4

7 5

8 4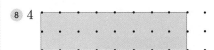

선생님놀이

🐰 6 $\frac{4}{3}$에 $\frac{1}{4}$을 곱하여 단위분수 $\frac{1}{3}$을 만들어요.
또 $\frac{1}{3}$에 3을 곱하면 1이에요.

🐰 7 $\frac{5}{2}$에 $\frac{1}{5}$을 곱하여 단위분수 $\frac{1}{2}$을 만들어요.
또 $\frac{1}{2}$에 2를 곱하면 1이에요.

개념 다지기　　063쪽

1 $\frac{3}{5} \times \frac{1}{3} = \frac{1}{5} \rightarrow \frac{1}{5} \times 5 = 1$

② $\dfrac{2}{3} \times \dfrac{1}{2} = \dfrac{1}{3} \rightarrow \dfrac{1}{3} \times 3 = 1$

③ $\dfrac{1}{4} \times 4 = 1$ ④ $\dfrac{1}{6} \times 6 = 1$

⑤ $\dfrac{5}{6} \times \dfrac{1}{5} = \dfrac{1}{6} \rightarrow \dfrac{1}{6} \times 6 = 1$

⑥ $\dfrac{3}{7} \times \dfrac{1}{3} = \dfrac{1}{7} \rightarrow \dfrac{1}{7} \times 7 = 1$

⑦ $\dfrac{4}{3} \times \dfrac{1}{4} = \dfrac{1}{3} \rightarrow \dfrac{1}{3} \times 3 = 1$

⑧ $\dfrac{3}{2} \times \dfrac{1}{3} = \dfrac{1}{2} \rightarrow \dfrac{1}{2} \times 2 = 1$

선생님놀이

③ 단위분수 $\dfrac{1}{4}$에 4를 곱하면 1이에요.

⑧ $\dfrac{3}{2}$에 $\dfrac{1}{3}$을 곱하여 단위분수 $\dfrac{1}{2}$을 만들어요.
또 $\dfrac{1}{2}$에 2를 곱하면 1이에요.

개념 키우기   064쪽

1

2 (1) 예 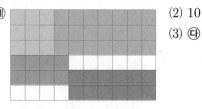 (2) 10
　(3) ㉰

1 $1\dfrac{1}{2}$을 가분수로 고치면 $\dfrac{3}{2}$입니다.

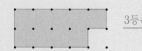 → 3등분

$\dfrac{3}{2}$에 $\dfrac{1}{3}$을 곱하여 단위분수 $\dfrac{1}{2}$을 만들고.

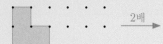 → 2배

$\dfrac{1}{2}$에 2를 곱하면 1입니다.

2 (1) ㉮ 모둠은 $\dfrac{2}{3}$만큼 칠했으므로 색칠한 부분의
　　$\dfrac{1}{2} \times 3$만큼 칠해야 됩니다.

　㉯ 모둠은 $\dfrac{1}{2}$만큼 칠했으므로 색칠한 부분의
　　2배만큼 칠해야 됩니다.

　㉰ 모둠은 $\dfrac{2}{7}$만큼 칠했으므로 색칠한 부분의
　　$\dfrac{1}{2} \times 7$만큼 칠해야 됩니다.

　㉱ 모둠은 $\dfrac{1}{4}$만큼 칠했으므로 색칠한 부분의
　　4배만큼 칠해야 됩니다.

　(2) 색칠하고 남은 칸은 10칸입니다.

　(3) 가장 많이 색칠한 모둠은 ㉰ 모둠입니다.

개념 다시보기   065쪽

1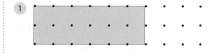

2

3

4

5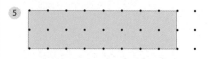

6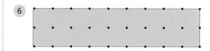

도전해 보세요   065쪽

1 <　　　　　2 (1) 0.6　(2) 2.4

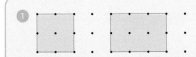

가의 전체는 **가**의 $\frac{3}{4}$에 $\frac{1}{3} \times 4$배 한 것과 같습니다.

나의 전체는 **나**의 $\frac{2}{3}$에 $\frac{1}{2} \times 3$배 한 것과 같습니다.

그러므로 **나**가 더 큽니다.

② (1) 0.2×3은 0.2를 세 번 더한 것과 같습니다.
  따라서 0.2×3=0.2+0.2+0.2=0.6입니다.

 (2) 0.4×6은 0.4를 여섯 번 더한 것과 같습니다.
  따라서 0.4×6=0.4+0.4+0.4+0.4+0.4+0.4
  =2.4입니다.

10단계 (1보다 작은 소수)×(자연수)

배운 것을 기억해 볼까요?　　　**066쪽**

① 0.01, 0.001　　② 4, $\frac{8}{15}$

개념 익히기　　　**067쪽**

① 2, 8, 0.8　　　　② 3, 3, 6, 18, 1.8
③ 4, 12, 1.2　　　　④ 5, 5, 5, 25, 2.5
⑤ 6, 42, 4.2　　　　⑥ 7, 7, 8, 56, 5.6
⑦ 6, 54, 5.4　　　　⑧ 9, 9, 7, 63, 6.3

개념 다지기　　　**068쪽**

① 15, 45, 0.45　　　② 19, 19, 76, 0.76
③ 5.23　　　　　　　④ 27, 27, 162, 1.62
⑤ 32, 128, 1.28　　　⑥ 37, 37, 259, 2.59
⑦ 46, 276, 2.76　　　⑧ 9.58
⑨ 63, 441, 4.41　　　⑩ 72, 72, 576, 5.76

 0.27×6에서 소수를 분수로 나타내어 계산하면
$\frac{27}{100} \times 6 = \frac{27 \times 6}{100} = \frac{162}{100} = 1.62$예요.

 0.46은 0.01이 46개인 수 이므로 0.46×6=0.01× 46×6이에요. 46×6=276이므로 0.01×276=2.76 이에요.

개념 다지기　　　**069쪽**

① 0.6×3=1.8　　　　② 0.3×4=1.2
③ 0.5×5=2.5　　　　④ 0.7×6=4.2
⑤ 0.25×3=0.75　　　⑥ 0.36×4=1.44
⑦ 0.9×4=3.6　　　　⑧ 0.5×4=2
⑨ 0.42×6=2.52　　　⑩ 0.67×7=4.69

 0.1이 5개씩 5묶음, 모두 25개예요. 곱셈식으로 나타내면 0.5×5=2.5예요.

 0.5 L 우유가 4개예요. 0.5는 0.1이 5개인 수이 므로 0.5×4=0.1×5×4=0.1×20=2예요.

개념 키우기　　　**070쪽**

① 식: 0.34×6=2.04　　답: 2.04
② (1) 식: 0.75×3=2.25　답: 2.25
  (2) 식: 0.82×5=4.1　답: 4.1

① 소리가 1초에 가는 거리와, 수민이가 번개를 본 후 천둥소리를 듣기까지의 시간을 곱하여 계산합니다. 수민이는 번개가 친 곳에서 0.34×6=0.01×34× 6=0.01×204=2.04(km) 떨어져 있습니다.

② (1) 1000원을 유로로 환전하면 0.75유로이므로 3000원을 유로로 환전하면 0.75×3=0.01× 75×3=0.01×225=2.25(유로)입니다.
  (2) 1000원을 프랑으로 환전하면 0.82프랑이므로 5000원을 프랑으로 환전하면 0.82×5=0.01× 82×5=0.01×410=4.1(프랑)입니다.

① 3, 18, 1.8 ② 6, 24, 2.4 ③ 4, 28, 2.8
④ 19, 76, 0.76 ⑤ 5, 25, 2.5 ⑥ 23, 115, 1.15

도전해 보세요 **071쪽**

① 3.72 ② (1) 2.4 (2) 6.9

① 한 변의 길이에 변의 수를 곱하여 둘레의 길이를 구합니다. 따라서 0.62×6=0.01×62×6=0.01×372=3.72입니다.
② (1) 1.2×2는 1.2를 두 번 더하면 됩니다.
　따라서 1.2×2=1.2+1.2=2.4입니다.
　(2) 2.3×3은 2.3을 세 번 더하면 됩니다.
　따라서 2.3×3=2.3+2.3+2.3=6.9입니다.

11단계 (1보다 큰 소수)×(자연수)

◀ 배운 것을 기억해 볼까요? **072쪽**

① 2.4 ② 3.5

개념 익히기 **073쪽**

① 12, 48, 4.8 ② 13, 13, 6, 78, 7.8
③ 24, 72, 7.2 ④ 25, 25, 5, 125, 12.5
⑤ 36, 252, 25.2 ⑥ 37, 37, 8, 296, 29.6
⑦ 48, 432, 43.2 ⑧ 49, 49, 7, 343, 34.3

개념 다지기 **074쪽**

① 22, 66, 6.6 ② 38, 38, 76, 7.6
③ 143, 572, 5.72 ④ 215, 215, 1075, 10.75
⑤ 9.52 ⑥ 431, 431, 1724, 17.24
⑦ 526, 3682, 36.82 ⑧ 16.42
⑨ 617, 3085, 30.85 ⑩ 853, 853, 6824, 68.24

선생님놀이

② 3.8×2에서 소수를 분수로 나타내어 계산하면
$\frac{38}{10} \times 2 = \frac{38 \times 2}{10} = \frac{76}{10} = 7.6$이에요.

⑦ 5.26은 0.01이 526개인 수이므로
5.26×7=0.01×526×7이에요.
526×7=3682이므로 0.01×3682=36.82예요.

개념 다지기 **075쪽**

① 3.4×3=10.2 ② 2.7×4=10.8
③ 1.9×5=9.5 ④ 5.2×3=15.6
⑤ 4.25×4=17 ⑥ 3.61×2=7.22
⑦ 6.32×4=25.28 ⑧ 7.15×3=21.45
⑨ 8.19×7=57.33 ⑩ 9.41×6=56.46

선생님놀이

③ 1.9를 5번 더하면 1.9×5로 나타낼 수 있어요.
이를 계산하면 1.9×5=0.1×19×5=0.1×95=9.5예요.

⑨ 8.19를 7번 더하면 8.19×7로 나타낼 수 있어요. 이를 계산하면 $8.19 \times 7 = \frac{819}{100} \times 7 = \frac{5733}{100} = 57.33$이에요.

개념 키우기 **076쪽**

① 식: 1.5×7=10.5 답: 10.5
② (1) 식: 1.7×3=5.1 답: 5.1
　(2) 식: 1.4×4=5.6 답: 5.6
　(3) 식: 1.1×5=5.5 답: 5.5
　(4) 주연

① 하루에 마신 우유의 양과 마신 날짜를 곱합니다. 따라서 민준이네는 일주일 동안 우유를 1.5×7=10.5(L) 마셨습니다.
② (1) 리본을 1.7 m씩 3번 사용했으므로 1.7×3=5.1(m)입니다.

(2) 리본을 1.4 m씩 4번 사용했으므로
1.4×4=5.6(m)입니다.

(3) 리본을 1.1 m씩 5번 사용했으므로
1.1×5=5.5(m)입니다.

(4) 5.1 < 5.5 < 5.6 이므로 주연이가 리본을 가장 많이 사용했습니다.

개념 다시보기   077쪽

① 15, 45, 4.5   ② 43, 215, 21.5
③ 24, 48, 4.8   ④ 215, 645, 6.45
⑤ 32, 192, 19.2   ⑥ 343, 1715, 17.15

도전해 보세요   077쪽

① 10.2   ② (1) 0.8   (2) 1.2

① 운동장 1.5 km 달리기를 2회, 둘레길 2.4 km 걷기를 3회 했습니다. 따라서 운동한 거리는 모두 1.5×2+2.4×3=3+7.2=10.2(km)입니다.

② (1) 2×0.4는 2×4의 0.1입니다.
따라서 2×0.4=0.8입니다.
(2) 6×0.2는 6×2의 0.1입니다.
따라서 6×0.2=1.2입니다.

12단계 (자연수)×(1보다 작은 소수)

◀ 배운 것을 기억해 볼까요?   078쪽

① 5.6   ② 9.6

개념 익히기   079쪽

① 6, 6, 12, 1.2   ② 32, 3.2
③ 5, 5, 35, 3.5   ④ 91, 9.1
⑤ 9, 9, 189, 18.9   ⑥ 105, 10.5
⑦ 34, 34, 408, 4.08   ⑧ 162, 1.62

개념 다지기   080쪽

① 3, 3, 18, 1.8   ② 45, 4.5
③ 4, 48, 4.8   ④ 182, 18.2
⑤ 25, 575, 5.75   ⑥ 627, 6.27
⑦ 3, 156, 1.56   ⑧ 1088, 10.88
⑨ 23, 1725, 17.25   ⑩ 1748, 17.48

선생님놀이

③ 12×0.4에서 소수를 분수로 나타내어 계산하면
$12×\frac{4}{10}=\frac{12×4}{10}=\frac{48}{10}=4.8$이에요.

⑧ 64×0.17은 64×17을 계산한 후 소수점을 곱하는 수의 소수점의 위치에 맞추어 찍어요. 64×17=1088이고 0.17은 소수 두 자리 수이므로 64×0.17=10.88이에요.

개념 다지기   081쪽

①
		3
×	0.	4
	1.	2

②
		5
×	0.	9
	4.	5

③
		9
×	0.	7
	6.	3

④
	8	0
×	0.	9
7	2.	0

⑤
	1	4
×	0.	6
	8.	4

⑥
	2	2
×	0.	8
1	7.	6

⑦
			2
×	0.| 3	8
		1	6
		6	
	0.| 7	6

⑧
			7
×	0.| 1	2
		1	4
		7	
	0.| 8	4

⑨
			8
×	0.| 1	8
		6	4
		8	
	1.| 4	4

⑩
		1	5
×	0.| 2	3
		4	5
	3	0	
	3.| 4	5

⑪
		1	4
×	0.| 3	2
		2	8
	4	2	
	4.| 4	8

⑫
		3	2
×	0.| 1	7
	2	2	4
	3	2	
	5.| 4	4

선생님놀이

⑧ 7×0.12는 7×12를 계산한 후 소수점을 곱하는 수의 소수점의 위치에 맞추어 찍어요. 7×

12=84이고 0.12는 소수 두 자리 수이므로 7×0.12=0.84예요.

 15×0.23은 15×23을 계산한 후 소수점을 곱하는 수의 소수점의 위치에 맞추어 찍어요. 15×23=345이고 0.23은 소수 두 자리 수이므로 15×0.23=3.45예요.

95(cm²)이고 계산하면 1425 cm²입니다.

2 (1) 5×1.3은 5×13의 0.1입니다.
따라서 5×1.3=6.5입니다.
(2) 9×2.4는 9×24의 0.1입니다.
따라서 9×2.4=21.6입니다.

(개념 키우기)　　　　　　　　　　082쪽

1 식: 3×0.75=2.25　　　답: 2.25
2 (1) 식: 52×0.17=8.84　　답: 8.84
(2) 식: 52×0.38=19.76　답: 19.76
(3) 식: 52×0.91=47.32　답: 47.32

1 배의 무게는 3 kg이고 사과의 무게는 배의 무게의 0.75배이므로 사과의 무게는 3×0.75=2.25(kg)입니다.
2 (1) 정하의 몸무게는 52 kg이므로 달에서의 무게는 52×0.17=8.84(kg)입니다.
(2) 정하의 몸무게는 52 kg이므로 수성에서의 무게는 52×0.38=19.76(kg)입니다.
(3) 정하의 몸무게는 52 kg이므로 금성에서의 무게는 52×0.91=47.32(kg)입니다.

(개념 다시보기)　　　　　　　　083쪽

1 3, 15, 1.5　　　　2 78, 7.8
3 4, 28, 2.8　　　　4 147, 14.7
5 4, 36, 3.6　　　　6 126, 1.26

도전해 보세요　　　　　　　　　083쪽

1 1425　　　　2 (1) 6.5　　(2) 21.6

1 직사각형의 넓이는 가로와 세로를 곱하여 계산합니다. 따라서 타일의 넓이와 개수를 곱하면 15×9.5×10 cm²입니다. 소수 한 자리 수와 10을 곱하면 자연수가 되므로 15×9.5×10=15×

13단계 (자연수)×(1보다 큰 소수)

배운 것을 기억해 볼까요?　　　　　084쪽

1 3.6　　　2 8.4　　　3 19.2

(개념 익히기)　　　　　　　　　085쪽

1 24, 24, 96, 9.6　　2 144, 14.4
3 53, 53, 424, 42.4　4 324, 32.4
5 79, 79, 1264, 126.4　6 2808, 28.08
7 106, 106, 3392, 33.92　8 11025, 110.25

(개념 다지기)　　　　　　　　　086쪽

1 16, 48, 4.8　　　2 294, 29.4
3 105, 945, 9.45　4 1284, 12.84
5 13.46　　　　　6 1704, 17.04
7 12, 828, 82.8　8 29.5
9 308, 6160, 61.6　10 4216, 421.6

 4×3.21은 4×321를 계산한 후 소수점을 곱하는 수의 소수점의 위치에 맞추어 찍어요. 4×321=1284이고 3.21은 소수 두 자리 수이므로 4×3.21=12.84예요.

 69×1.2에서 소수를 분수로 나타내어 계산하면 $69 \times \frac{12}{10} = \frac{828}{10} = 82.8$이에요.

①

```
        4
  ×   2 . 6
      2 4
    8
  1 0 . 4
```

②

```
        7
  ×   2 . 5
      3 5
    1 4
  1 7 . 5
```

③

```
        9
  ×   3 . 4
      3 6
    2 7
  3 0 . 6
```

④

```
      1 2
  ×   5 . 6
      7 2
    6 0
  6 7 . 2
```

⑤

```
      1 6
  ×   6 . 2
      3 2
    9 6
  9 9 . 2
```

⑥

```
      2 5
  ×   2 . 7
    1 7 5
    5 0
  6 7 . 5
```

⑦

```
        3 2
  ×   2 0 . 4
      1 2 8
    0 0
  6 4
  6 5 2 . 8
```

⑧

```
        2 0
  ×   1 . 0 3
        6 0
      0 0
    2 0
  2 0 . 6 0
```

⑨

```
        2 3
  ×   1 . 1 5
      1 1 5
      2 3
    2 3
  2 6 . 4 5
```

선생님놀이

 9×3.4는 9×34를 계산한 후 소수점을 곱하는 수의 소수점의 위치에 맞추어 찍어요. 9×34=306이고 3.4는 소수 한 자리 수이므로 9×3.4=30.6이에요.

 23×1.15는 23×115를 계산한 후 소수점을 곱하는 수의 소수점의 위치에 맞추어 찍어요. 23×115=2645이고 1.15는 소수 두 자리 수이므로 23×1.15=26.45예요.

---

① 식: 15×4.5=67.5　　　　답: 67.5
② (1) 식: 328×3.5=1148　　답: 1148
　 (2) 식: 1148×1.2=1377.6　답: 1377.6

---

① 15 mL 계량스푼으로 네 스푼 반 넣었으므로
　사용한 설탕의 양은 15×4.5=67.5(mL)입니다.
② (1) 호수의 둘레는 328 m인데 3바퀴 반 뛰었으므로
　　달린 거리는 328×3.5=1148(m)입니다.

---

(2) 수민이는 영미의 1.2배만큼 달렸으므로
　수민이가 달린 거리는 1148×1.2=1377.6(m)
　입니다.

---

① 32, 64, 6.4　　　　② 324, 32.4
③ 55, 275, 27.5　　　④ 4305, 43.05
⑤ 94, 752, 75.2　　　⑥ 5537, 55.37

---

① 57　　　　② (1) 0.06　　(2) 0.35

---

① 1분에 6 L씩 물이 나오므로 9분 30초 동안
　6×9.5=57(L)가 나옵니다.
② (1) 0.2×0.3에서 소수를 분수로 나타내어
　　계산하면 $\frac{2}{10} \times \frac{3}{10} = \frac{6}{100} = 0.06$입니다.
　 (2) 0.5×0.7에서 소수를 분수로 나타내어
　　계산하면 $\frac{5}{10} \times \frac{7}{10} = \frac{35}{100} = 0.35$입니다.

14단계 1보다 작은 소수끼리의 곱셈

---

① 22.4　　　　② 1.05

---

① 2, 4, 8, 0.08　　　　② 56, 0.56
③ 3, 12, 36, 0.036　　④ 84, 0.084
⑤ 100, 10, $\frac{224}{1000}$, 0.224　　⑥ 224, 0.224
⑦ 100, 5, $\frac{170}{1000}$, 0.17　　⑧ 520, 0.52

① 4, 10, $\frac{24}{100}$, 0.24 　② 84, 0.084

① 0.89 　　　　　　　④ 100, 0.1

⑤ 100, 100, $\frac{198}{10000}$, 0.0198　⑥ 0.78

⑦ 19, 100, $\frac{513}{10000}$, 0.0513　⑧ 1820, 0.182

⑨ 3, 100, $\frac{102}{1000}$, 0.102　⑩ 114, 0.114

선생님놀이

④ 0.25×0.4는 25×4를 계산한 후 소수점을 알맞은 위치에 찍어요. 0.25는 소수 두 자리 수, 0.4는 소수 한 자리 수이므로 둘을 곱하면 소수 세 자리 수예요. 따라서 25×4=100이므로 0.25×0.4=0.100이고 소수점 아래 끝자리 0을 생략하여 0.1이에요.

⑤ 0.06×0.33에서 소수를 분수로 나타내어 계산하면 $\frac{6}{100} \times \frac{33}{100} = \frac{198}{10000} = 0.0198$이에요.

①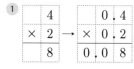

	4				0	.	4
×	2	→		×	0	.	2
	8				0	.	0	8

②

	6				0	.	6
×	5	→		×	0	.	5
3	0				0	.	3	0

③

	6				0	.	6
×	6	→		×	0	.	6
3	6				0	.	3	6

④

	7				0	.	7
×	9	→		×	0	.	9
6	3				0	.	6	3

⑤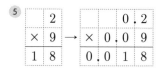

	2				0	.	2
×	9	→		×	0	.	0	9
1	8				0	.	0	1	8

⑥

	4				0	.	4
×	6	→		×	0	.	0	6
2	4				0	.	0	2	4

⑦

	3	1			0	.	3	1
×	2	3		×	0	.	2	3
	9	3				9	3
6	2		→		6	2
7	1	3		0	.	0	7	1	3

⑧

	1	6			0	.	1	6
×	2	5		×	0	.	2	5
	8	0				8	0
3	2		→		3	2
4	0	0		0	.	0	4	0	0

선생님놀이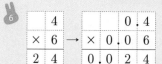

④

	7			0	.	7
×	9	→	×	0	.	9
6	3		0	.	6	3

0.7×0.9는 7×9를 계산한 후 소수점을 알맞은 위치에 찍어요. 7×9=63이고, 0.7과 0.9는 각각 소수 한 자리 수이므로 둘을 곱하면 소수 두 자리 수예요. 따라서 0.7×0.9=0.63이에요.

⑥

	4			0	.	4
×	6	→	×	0	.	0	6
2	4		0	.	0	2	4

0.4×0.06은 4×6을 계산한 후 소수점을 알맞은 위치에 찍어요. 4×6=24이고, 0.4는 소수 한 자리 수, 0.06은 소수 두 자리 수이므로 둘을 곱하면 소수 세 자리 수예요. 따라서 0.4×0.06=0.024예요.

① 식: 0.62×0.4=0.248　　답: 0.248
② (1) 식: 0.6×0.4=0.24　　답: 0.24
　(2) 식: 0.24×0.31=0.0744　답: 0.0744

① 설탕물 1 L에 설탕이 0.62 kg 녹아 있으므로 0.4 L에는 설탕이 $0.62 \times 0.4 = \frac{62}{100} \times \frac{4}{10} = \frac{248}{1000} = 0.248$(kg) 녹아 있습니다.

② (1) 우리나라의 산림은 국토의 0.6에 해당합니

다. 침엽수림은 산림의 0.4만큼이므로 전체의 $0.6 \times 0.4 = \frac{6}{10} \times \frac{4}{10} = \frac{24}{100} = 0.24$입니다.

(2) 소나무는 침엽수림의 0.31만큼이므로 전체의 $0.24 \times 0.31 = \frac{24}{100} \times \frac{31}{100} = \frac{744}{1000} = 0.0744$입니다.

개념 다시보기 095쪽

1 2, 7, 14, 0.14
2 100, 4, $\frac{60}{1000}$, 0.06
3 135, 0.135
4 42, 0.042
5 399, 0.0399

6
```
    0 . 6
 ×  0 . 6
    0 . 3 6
```
7
```
      0 . 2 7
 ×        0 . 9
      0 . 2 4 3
```
8
```
        0 . 8
 ×    0 . 1 4
      0 . 1 1 2
```

도전해 보세요 095쪽

1 0.8, 0.5
2 (1) 1.56 (2) 3.75

1 8×5=40이므로 계산 결과는 40의 0.01입니다. 따라서 곱하는 두 소수는 각각 소수 한 자리 수이므로 0.8과 0.5입니다.
2 (1) 1.2×1.3에서 소수를 분수로 나타내어 계산하면 $\frac{12}{10} \times \frac{13}{10} = \frac{156}{100} = 1.56$입니다.
(2) 1.5×2.5에서 소수를 분수로 나타내어 계산하면 $\frac{15}{10} \times \frac{25}{10} = \frac{375}{100} = 3.75$입니다.

15단계 1보다 큰 소수끼리의 곱셈

배운 것을 기억해 볼까요? 096쪽

1 1.5 2 17.5 3 0.045

개념 익히기 097쪽

1 10, 10, $\frac{322}{100}$, 3.22
2 752, 7.52
3 10, $\frac{405}{100}$, $\frac{5265}{1000}$, 5.265
4 14094, 14.094
5 100, 10, $\frac{8820}{1000}$, 8.82
6 2244, 2.244
7 10, 100, $\frac{11907}{1000}$, 11.907
8 8775, 8.775

개념 다지기 098쪽

1
```
    1 . 8
 ×  2 . 2
    3 6
  3 6
  3 . 9 6
```
2
```
    2 . 4
 ×  3 . 7
    1 6 8
    7 2
    8 . 8 8
```
3
```
    2 . 7
 ×  4 . 6
    1 6 2
  1 0 8
  1 2 . 4 2
```
4
```
      7 . 2
 ×    4 . 1
      7 2
    2 8 8
    2 9 . 5 2
```
5
```
      2 . 9
 +    5 . 6
      8 . 5
```
6
```
      1 . 0 5
 ×      3 . 2
      2 1 0
    3 1 5
    3 . 3 6 0
```
7
```
      0 . 8 3
 ×      6 . 4
      3 3 2
    4 9 8
    5 . 3 1 2
```
8
```
      2 . 3 7
 ×      2 . 6
    1 4 2 2
    4 7 4
    6 . 1 6 2
```
9
```
        6 . 7 5
 ×        5 . 3
      2 0 2 5
    3 3 7 5
    3 5 . 7 7 5
```
10
```
        4 . 6
 ×    3 . 1 2
        9 2
      4 6
    1 3 8
    1 4 . 3 5 2
```
11
```
        5 . 7
 ×    1 . 9 4
      2 2 8
    5 1 3
    5 7
    1 1 . 0 5 8
```
12
```
        2 . 9
 ×    6 . 0 7
      2 0 3
    0 0
  1 7 4
  1 7 . 6 0 3
```

6 1.05×3.2는 105×32를 계산한 후 소수점을 알맞은 위치에 찍어요. 1.05는 소수 두 자리 수, 3.2는 소수 한 자리 수이므로 둘을 곱하면 소수 세 자리 수예요. 따라서 105×32=3360이므로 1.05×3.2=3.360이고 소수점 아래 끝자리 0을 생략하여 3.36이에요.

8 2.37×2.6은 237×26을 계산한 후 소수점을 알맞은 위치에 찍어요. 2.37은 소수 두 자리 수, 2.6은 소수 한 자리 수이므로 둘을 곱하면 소수 세 자리 수예요. 따라서 237×26=6162이므로 2.37×2.6=6.162예요.

---

1 1.2×3.7=4.44   **2** 2.4×1.06=2.544
3 4.5×2.12=9.54   **4** 1.43×0.54=0.7722
5 3.17×3.2=10.144   **6** 4.23×0.67=2.8341
7 26×3.44=89.44   **8** 7.8×3.6=28.08

---

3 0.1이 45개인 수는 4.5이고 0.01이 212개인 수는 2.12예요. 두 소수의 곱셈식은 4.5×2.12이고 45×212를 계산한 후 소수점을 알맞은 위치에 찍어요. 4.5는 소수 한 자리 수, 2.12는 소수 두 자리 수이므로 둘을 곱하면 소수 세 자리 수예요. 따라서 45×212=9540이므로 4.5×2.12=9.540이고 소수점 아래 끝자리 0을 생략하여 9.54예요.

6 0.01이 423개인 수는 4.23이고 0.01이 67개인 수는 0.67이에요. 두 소수의 곱셈식은 4.23×0.67이고 423×67을 계산한 수 소수점을 알맞은 위치에 찍어요. 4.23은 소수 두 자리 수, 0.67은 소수 두 자리 수이므로 둘을 곱하면 소수 네 자리 수예요. 따라서 423×67=28341이므로 4.23×0.67=2.8341이에요.

---

1 식: 49.7×2.4=119.28   답: 119.28
2 (1) 식: 6.4×1.5=9.6   답: 9.6
    (2) 식: 5.5×1.5=8.25   답: 8.25
    (3) 식: 9.6×8.25=79.2   답: 79.2

1 목성에서의 몸무게는 지구에서의 몸무게의 약 2.4배입니다. 따라서 지구에서 잰 몸무게가 49.7 kg이라면 목성에서 잰 몸무게는 약 49.7×2.4=119.28(kg)입니다.

2 (1) 가로의 길이는 원래 6.4 m였으므로 1.5배로 늘리면 6.4×1.5=9.6(m)입니다.

    (2) 세로의 길이는 원래 5.5 m였으므로 1.5배로 늘리면 5.5×1.5=8.25(m)입니다.

    (3) 늘린 텃밭의 가로와 세로의 길이가 9.6 m, 8.25 m이므로 넓이는 9.6×8.25=79.2(m²)입니다.

---

1 16, 12, 192, 1.92   **2** 57, 100, $\dfrac{7524}{1000}$, 7.524
3 925, 9.25   **4** 6976, 6.976
5 18190, 18.19   **6** 37.352
7 25.668   **8** 14.85

---

1 11.1

2 (1) 1.2   (2) 1.2   (3) 0.12

1 평행사변형의 넓이를 구하려면 밑변과 높이의 길이를 곱하면 됩니다. 따라서 평행사변형의 넓이는 3.7×2.5=9.25(m²)입니다. 삼각형의 넓이는 평행사변형의 넓이의 1.2배이므로 9.25×1.2=11.1(m²)입니다.

2 (1) 0.3×4는 3×4=12의 0.1이므로 1.2입니다.
    (2) 3×0.4는 3×4=12의 0.1이므로 1.2입니다.
    (3) 0.3×0.4는 3×4=12의 0.01이므로 0.12입니다.

배운 것을 기억해 볼까요? 102쪽

① 11.4　　　　　　　② 13.78

개념 익히기 103쪽

① 2.45, 24.5, 245, 2450　② 2450, 245, 24.5, 2.45
③ 4.5, 4.5, 0.45　　　　　④ 3.6, 0.36, 0.036
⑤ 3.84, 0.384, 0.0384　　⑥ 9.45, 0.945, 0.0945

개념 다지기 104쪽

① 23.9, 239, 2390　　　② 239, 23.9, 2.39
③ 5.6, 0.56, 0.056　　　④ 0.43, 0.043, 0.0043
⑤ 63, 6.3, 0.063　　　　⑥ 20.52, 2.052, 0.2052
⑦ 24.3, 12.15, 0.05　　⑧ 24.96, 2.496, 0.2496

선생님놀이

 곱하는 수가 $\frac{1}{10}$씩 작아지면 곱의 소수점의 위치는 왼쪽으로 한 칸씩 이동해요. 8×7=56이고 8×0.7의 0.7은 소수 한 자리 수이므로 소수점을 왼쪽으로 한 칸 이동하여 8×0.7=5.6이에요. 또 0.8×0.7의 0.8과 0.7은 소수 한 자리 수이므로 소수점을 왼쪽으로 2칸 이동하여 0.8×0.7=0.56이에요.
마지막으로 0.8×0.07의 0.8은 소수 한 자리 수이고 0.07은 소수 두 자리 수이므로 소수점을 왼쪽으로 3칸 이동하여 0.8×0.07=0.056이에요.

 곱하는 수가 $\frac{1}{10}$씩 작아지면 곱의 소수점의 위치는 왼쪽으로 한 칸씩 이동해요. 57×36=2052이고 5.7×3.6의 5.7과 3.6은 소수 한 자리 수이므로 소수점을 왼쪽으로 2칸 이동하여 5.7×3.6=20.52예요.
또 5.7×0.36의 5.7은 소수 한 자리 수이고 0.36은 소수 두 자리 수이므로 소수점을 왼쪽으로 3칸 이동하여 5.7×0.36=2.052예요.
마지막으로 0.57×0.36의 0.57과 0.36은 소수 두 자리 수이므로 소수점을 왼쪽으로 4칸 이동하여 0.57×0.36=0.2052예요.

개념 다지기 105쪽

① 1.7, 0.32　　　　② 2.1, 1.46
③ 0.515, 90　　　　④ 74, 4.5
⑤ 0.05, 8.39　　　　⑥ 144, 0.36
⑦ 52.4, 13　　　　　⑧ 72, 62

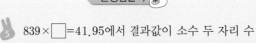

⑤ 839×□=41.95에서 결과값이 소수 두 자리 수이므로 곱하는 수의 소수점 아래 자릿수의 합이 소수 두 자리예요. 그런데 839는 소수가 아니므로 □는 소수 두 자리 수예요. 따라서 83.9×5=419.5임을 이용하면 □는 0.05예요.
□×0.5=4.195에서 결과값이 소수 세 자리 수이므로 곱하는 수의 소수점 아래 자릿수의 합이 소수 세 자리예요. 그런데 0.5가 소수 한 자리 수이므로 □는 소수 두 자리 수예요. 따라서 83.9×5=419.5임을 이용하면 □는 8.39예요.

⑦ □×0.13=6.812에서 결과값이 소수 세 자리 수이므로 곱하는 수의 소수점 아래 자릿수의 합이 소수 세 자리예요. 그런데 0.13이 소수 두 자리 수이므로 □는 소수 한 자리 수예요. 따라서 524×1.3=681.2임을 이용하면 □는 52.4예요.
5.24×□=68.12에서 결과값이 소수 두 자리 수이므로 곱하는 수의 소수점 아래 자릿수의 합이 소수 두 자리예요. 그런데 5.24는 소수 두 자리 수이므로 □는 자연수예요. 따라서 524×1.3=681.2임을 이용하면 □는 13이에요.

개념 키우기 106쪽

① 439
② (1) 식: 12.5×100=1250　　　답: 1250
　 (2) 식: 1.025×1000=1025　　답: 1025
　 (3) 식: 152×10=1520　　　　答: 1520
　 (4) ㉰, ㉮, ㉯

① 어떤 수에 0.1을 곱하여 0.439가 되었으므로 어떤 수는 4.39입니다.
　 바르게 계산하면 4.39×100=439입니다.

② (1) 100을 곱하면 소수점이 오른쪽으로 2칸 이동하므로 12.5×100=1250입니다.
(2) 1000을 곱하면 소수점이 오른쪽으로 3칸 이동하므로 1.025×1000=1025입니다.
(3) 152 g 과자가 10개 있으므로 152×10=1520입니다.
(4) 1520>1250>1025이므로 ㉯, ㉮, ㉰ 순으로 무겁습니다.

개념 다시보기 **107쪽**

① 336.3, 3363, 33630
② 562.7, 56.27, 5.627
③ 15.4, 0.154
④ 7.2, 0.072
⑤ 147.6, 14.76
⑥ 19.575, 195.75

도전해 보세요 **107쪽**

① 규연
② 0.01

① 1 kg=1000 g이므로 규연이의 필통 무게는 0.712 kg입니다. 0.709<0.712이므로 규연이의 필통이 더 무겁습니다.
② ㉮×34.58×㉯=0.3458에서 34.58의 소수점이 왼쪽으로 2칸 이동했으므로 ㉮×㉯의 소수점 아래 자릿수의 합이 소수 두 자리입니다. 그런데 34.58에서 0.3458로 소수점의 위치만 변했을 뿐 숫자 배열은 변하지 않았으므로 ㉮×㉯=0.01입니다.

17단계 이상, 이하, 초과, 미만

배운 것을 기억해 볼까요? **108쪽**

① 8, 9, 10, 11
② 15, 16, 17, 18, 19
③ 28, 29, 30, 31

개념 익히기 **109쪽**

①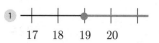

②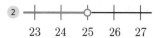

③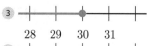

④

⑤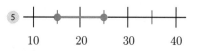

⑥

⑦

⑧

⑨

⑩

개념 다지기 **110쪽**

①
| 10 | (8.6) | $10\frac{1}{2}$ | (9) | (5) |

②
| 14.9 | $(15\frac{1}{4})$ | (17) | (15) | 12 |

③
| (23) | 24 | $(22\frac{4}{5})$ | 25 | (16) |

④
| (37) | 40.1 | (35) | 42 | (36) |

⑤
| 19 | 20 | (24) | (20.6) | 30 |

6

7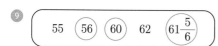

8 1.311

9
55 ⑤⑥ ⑥⓪ 62 ⑥1$\frac{5}{6}$

10
70 ⑦④ ⑧⓪ 90.5 ⑧⑨

선생님놀이

🐰 3 24 미만인 수는 24보다 작은 수예요. 24와 25는 24 보다 크거나 같으므로 24 미만인 수는 23, 22$\frac{4}{5}$, 16이에요.

🐰 9 56 이상 62 미만인 수는 56보다 크거나 같고 62 보다 작은 수예요. 55는 56보다 작고, 62는 62 와 같으므로 56 이상 62 미만인 수는 56, 60, 61$\frac{5}{6}$예요.

개념 다지기 **111쪽**

1 12 이상 17 이하인 수   2 4 초과 9 이하인 수
3 15 이상 22 미만인 수   4 17 초과 21 미만인 수
5 39 초과 44 이하인 수   6 54 이상 58 이하인 수
7 81 초과 87 미만인 수   8 70 이상 95 미만인 수
9 60 이상 80 이하인 수   10 47 초과 57 미만인 수

선생님놀이

🐰 5 39보다 크고 44보다 작거나 같은 수는 39 초과 44 이하인 수예요.

🐰 8 70보다 크거나 같고 95보다 작은 수는 70 이상 95 미만인 수예요.

개념 키우기 **112쪽**

1 3

2 (1) 5 kg 초과 7 kg 이하

(2)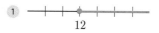

(3) 5,000, 3,700

1 36점을 포함하는 급수를 표에서 찾으면 25 이상 40 미만입니다. 따라서 수민이의 줄넘기 급수는 3급입니다.

2 (1) 6.57 kg을 포함하는 무게 범위를 표에서 찾으 면 5 kg 초과 7 kg 이하입니다.
(3) 5 kg 초과 7 kg 이하에 해당하는 가격을 표에 서 찾으면 등기 소포는 5,000원이고 일반 소포 는 3,700원입니다.

개념 다시보기 **113쪽**

1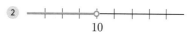

2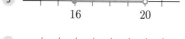

3
16   20

4
27   35

5
50 60 ⑥④ 59 ⑥1 ⑦⓪

6

도전해 보세요 **113쪽**

1 30

2 ㉠, ㉢

1 16 초과 36 미만인 자연수는 17, 18, …, 34, 35 입니다. 또 3과 6의 공배수는 6의 배수와 같으므 로 이 중에서 6의 배수를 찾으면 18, 24, 30입니 다. 5로 나누어떨어지는 수는 5의 배수와 같으므 로 이 중에서 5의 배수를 찾으면 30입니다.

2 ㉡은 52 초과 56 미만인 수이므로 52를 포함하지 않습니다.

ㄹ은 52 초과 55 이하인 수이므로 52를 포함하지
않습니다.

18단계 올림과 버림

배운 것을 기억해 볼까요? **114쪽**

1
2

개념 익히기 **115쪽**

1 (위에서부터) 330, 400; 520, 600
2 (위에서부터) 710, 700; 280, 200
3 (위에서부터) 1400, 2000; 2500, 3000
4 (위에서부터) 4200, 4000; 1600, 1000
5 (위에서부터) 0.4, 0.33; 4.6, 4.54
6 (위에서부터) 1.6, 1.68; 2.7, 2.75

개념 다지기 **116쪽**

1 (위에서부터) 320, 400; 930, 1000
2 (위에서부터) 4200, 4000; 1100, 1000
3 (위에서부터) 2730, 2800, 3000; 6460, 6500, 7000
4 (위에서부터) 2.8, 2.81; 4.3, 4.36
5 (위에서부터) 1350, 2000; 2150, 3000
6 (위에서부터) 7100, 7000; 34500, 34000
7 (위에서부터) 3.3, 3.22; 1.8, 1.72
8 (위에서부터) 22750, 22700, 22000; 6810, 6800, 6000

선생님놀이

2 버림하여 백의 자리까지 나타내면 십의 자리와 일의 자리는 모두 0이에요. 따라서 4235와 1168을 버림하여 백의 자리까지 나타내면 각각 4200과 1100이에요.
버림하여 천의 자리까지 나타내면 백의 자리,

십의 자리와 일의 자리는 모두 0이에요. 따라서 4235와 1168을 버림하여 천의 자리까지 나타내면 각각 4000과 1000이에요.

 5 올림하여 십의 자리까지 나타내면, 일의 자리가 0인 경우를 제외하고 십의 자리에 1을 더하고 일의 자리는 0이에요. 따라서 1350과 2145를 올림하여 십의 자리까지 나타내면 각각 1350과 2150이에요.
올림하여 천의 자리까지 나타내면, 백의 자리, 십의 자리, 일의 자리가 모두 0인 경우를 제외하고 천의 자리에 1을 더하고 백의 자리, 십의 자리, 일의 자리가 모두 0이에요. 따라서 1350과 2145를 올림하여 천의 자리까지 나타내면 각각 2000과 3000이에요.

개념 다지기 **117쪽**

1 (위에서부터) 20000; 360000
2 (위에서부터) 2700; 500
3 (위에서부터) 3000; 64000
4 (위에서부터) 400; 3100
5 (위에서부터) 2420, 3000; 3790, 4000
6 (위에서부터) 46160, 46000; 12590, 12000
7 (위에서부터) 1800, 2000; 5900, 6000
8 (위에서부터) 8.2, 8.27; 3.9, 3.96

선생님놀이

4 십의 자리 이하를 버림하여 나타내면 십의 자리와 일의 자리는 0이에요. 따라서 487과 3126의 십의 자리 이하를 버림하여 나타내면 각각 400과 3100이에요.

 7 올림하여 백의 자리까지 나타내면, 십의 자리, 일의 자리가 모두 0인 경우를 제외하고 백의 자리에 1을 더하고 십의 자리, 일의 자리가 모두 0이에요. 따라서 1763과 5812를 올림하여 백의 자리까지 나타내면 각각 1800과 5900이에요.
올림하여 천의 자리까지 나타내면, 백의 자리, 십의 자리, 일의 자리가 모두 0인 경우를 제외하고 천의 자리에 1을 더하고 백의 자리, 십의 자리, 일의 자리가 모두 0이에요. 따라서 1763과 5812를 올림하여 천의 자리까지 나타내면 각각 2000과 6000이에요.

1　210, 21
2　(1) 올림　　(2) 7　　(3) 3

1　사과 213개를 10개씩 포장하였으므로 213을 10
　　으로 나누면 됩니다. 213÷10의 몫은 21이고 나
　　머지가 3입니다. 따라서 사과 213개 중에서 3개
　　는 포장을 못하고 210개만 포장할 수 있습니다.
　　그리고 포장한 상자의 수는 21개입니다.
2　(1) 엽서를 묶음으로 사야 하므로 인원 수보다 적
　　　　거나 많이 사게 됩니다. 지훈이네 반 학생들
　　　　중에서 엽서를 갖지 못하는 사람이 없으려면
　　　　인원 수보다 많이 사야 하므로 올림하여 사야
　　　　됩니다.
　　(2) 32명에게 5장씩 묶음인 엽서를 나눠 주려
　　　　면 32를 5로 나누면 됩니다. 32÷5의 몫은 6
　　　　이고 2가 남습니다. 따라서 7묶음을 사야 됩
　　　　니다.
　　(3) 7묶음을 사면 엽서를 모두 7×5=35(장) 사게
　　　　됩니다. 따라서 학생들에게 나누어 주고 남는
　　　　엽서는 35−32=3(장)입니다.

1　740, 800　　　　2　4500, 4000
3　60000, 60000　　4　260, 200
5　2.2, 2.17　　　　6　0.8, 0.83

1　3405, 3401, 3499
2　(1) 40　　　　　　(2) 130

1　올림하여 백의 자리까지 나타냈을 때 3500인 수
　　는 3400 초과, 3500 이하입니다. 따라서 범위에
　　알맞은 수는 3405, 3401, 3499입니다.
2　(1) 36의 일의 자리 수는 6이므로 올림을 합니다.
　　　　따라서 십의 자리까지 나타내면 40입니다.
　　(2) 127의 일의 자리 수는 7이므로 올림을 합니
　　　　다. 따라서 십의 자리까지 나타내면 130입
　　　　니다.

19단계　반올림

1　(위에서부터) 6710, 6800; 1090, 1100
2　(위에서부터) 240, 200; 1070, 1000

1　(위에서부터) 5290, 5300, 5000; 1480, 1500, 1000
2　(위에서부터) 37, 37.5, 37.45; 1, 1.0, 0.96
3　(위에서부터) 12200, 12000, 10000; 7800, 8000,
　　　　　　　　　　10000
4　1.4, 0.8, 23.5
5　27000, 30000, 45000

1　150; 2220　　　　2　300; 1600
3　3000; 35000　　　4　20000; 50000
5　7.1; 5.3　　　　　6　43; 120
7　3.42; 0.57　　　　8　1.6; 26.7

선생님놀이

　2675의 백의 자리 수가 6이므로 반올림하여 천
　의 자리까지 나타내면 3000이에요. 34578의 백
　의 자리 수가 5이므로 반올림하여 천의 자리까
　지 나타내면 35000이에요.

　7.062의 소수 둘째 자리 수가 6이므로 반올림
　하여 소수 첫째 자리까지 나타내면 7.1이에요.
　5.31의 소수 둘째 자리 수가 1이므로 반올림하여
　소수 첫째 자리까지 나타내면 5.3이에요.

1　225 이상 235 미만인 수

② 650 이상 750 미만인 수

③ 45.5 이상 46.5 미만인 수

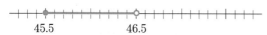

④ 4500 이상 5500 미만인 수

⑤ 8.85 이상 8.95 미만인 수

선생님놀이

 어떤 수를 반올림하여 십의 자리까지 나타낸 수가 230이면 그 수의 범위는 225 이상 235 미만이에요.

 어떤 수를 반올림하여 소수 첫째 자리까지 나타낸 수가 8.9면 그 수의 범위는 8.85 이상 8.95 미만이에요.

개념 키우기 **124쪽**

① 285, 294

② 5800만; 1억 800만; 1억 5000만; 2억 2800만

① 5학년 학생 수를 반올림하여 십의 자리까지 나타낸 수가 290이면 학생 수의 범위는 285명 이상 294명 이하입니다.

② 백만 자리까지 반올림하여 나타내려면 십만 자리 수가 0~4면 버리고, 5~9면 올립니다. 5791만의 십만 자리 수는 9이므로 반올림하여 백만 자리까지 나타내면 5800만입니다. 1억 820만의 십만 자리 수는 2이므로 반올림하여 백만 자리까지 나타내면 1억 800만입니다. 1억 4960만의 십만 자리 수는 6이므로 반올림하여 백만 자리까지 나타내면 1억 5000만입니다. 2억 2794만의 십만 자리 수는 9이므로 반올림하여 백만 자리까지 나타내면 2억 2800만입니다.

개념 다시보기 **125쪽**

① 360; 160

② 7; 1

③ (위에서부터) 30.2, 30.17; 4.5, 4.52

④ 24000; 2000

⑤ (위에서부터) 200, 200; 5100, 5080

⑥ 40000; 70000

도전해 보세요 **125쪽**

① 3.656 ② 2000

① 3.6㉮㉯를 반올림하여 소수 첫째 자리까지 나타낸 수가 3.7이면 3.6㉮㉯의 범위는 3.65 이상 3.699 이하입니다. 그런데 ㉮와 ㉯의 합이 11이므로 3.6㉮㉯가 될 수 있는 수는 3.656, 3.665, 3.674, 3.683, 3.692입니다. 이때 ㉮<㉯인 수를 찾으면 3.656입니다.

② 주어진 수 카드를 한 번씩만 이용하여 만들 수 있는 가장 작은 네 자리 수는 2457입니다. 2457을 반올림하여 천의 자리까지 나타내려면 백의 자리 수를 봅니다. 2457의 백의 자리 수는 4이므로 반올림하여 천의 자리까지 나타내면 2000입니다.

20단계 평균 구하기

배운 것을 기억해 볼까요? **126쪽**

① (1) 꺾은선그래프 (2) 막대그래프

개념 익히기 **127쪽**

① 3 ② 4 ③ 3 ④ 3
⑤ 5 ⑥ 4 ⑦ 4 ⑧ 4

개념 다지기 **128쪽**

1 6 2 3 3 14 4 12

5 4 6 12 7 3 8 4

9 29 10 5

선생님놀이

 6 (평균)=(자료 값의 합)÷(자료의 수)이므로 자료의 평균은 (12+11+7+16+14)÷5=60÷5=12 예요.

 9 (평균)=(자료 값의 합)÷(자료의 수)이므로 자료의 평균은 (17+8+36+21+43+49)÷6=174÷6=29예요.

개념 다지기 **129쪽**

1 37 2 3 3 25 4 20

5 65 6 275 7 30 8 40.6

선생님놀이

 3 (평균)=(자료 값의 합)÷(자료의 수)이므로 학생 수의 평균은 (24+27+26+23)÷4=100÷4=25(명)이에요.

 8 (평균)=(자료 값의 합)÷(자료의 수)이므로 몸무게의 평균은 (39.5+41.7+38.8+42.4)÷4=162.4÷4=40.6(kg)이에요.

개념 키우기 **130쪽**

1 44

2 (1) 39 (2) 19 (3) 24

1 308쪽짜리 책을 7일 동안 다 읽으려면 하루에 평균 308÷7=44(쪽)씩 읽어야 합니다.

2 (1) 지우네 모둠의 윗몸 말아 올리기의 평균은

(33+39+46+38)÷4=156÷4=39(회)입니다.

(2) 지우네 모둠의 악력의 평균은 (18.2+17.1+18.3+22.4)÷4=76÷4=19(kg)입니다.

(3) 지우네 모둠의 멀리 던지기 평균 기록이 32 m이므로 지우네 모둠의 멀리 던지기 기록의 합은 32×4=128(m)입니다. 세연이를 제외한 다른 친구들의 멀리 던지기 기록의 합은 28+42+34=104(m)입니다. 따라서 세연이의 멀리 던지기 기록은 128-104=24(m)입니다.

개념 다시보기 **131쪽**

1 4 2 4 3 23

4 90 5 47 6 24

도전해 보세요 **131쪽**

1 141 2 4

1 소희, 진규, 보경, 민경이의 평균 키가 142 cm이므로 4명의 키의 합은 142×4=568(cm)입니다. 서윤이의 키가 137 cm이므로 5명의 키의 합은 568+137=705(cm)입니다. 따라서 5명의 평균 키는 705÷5=141(cm)입니다.

2 주사위를 5회 던져서 나온 눈의 합은 6+6+3+4+1=20입니다. 주사위의 눈의 평균이 4 이상 나오려면, 6회 던져서 나온 눈의 합은 24 이상이어야 합니다. 따라서 6회에는 적어도 4가 나와야 합니다.

수고하셨어요.
다음 단계로 같이 가요!

MEMO

연산의 발견 10권

지은이 | 전국수학교사모임 개념연산팀

초판 1쇄 발행일 2020년 6월 12일
초판 2쇄 발행일 2023년 1월 20일

발행인 | 한상준
편집 | 김민정·강탁준·손지원·최정휴·정수림
삽화 | 조경규
디자인 | 김경희·김성인·김미숙·정은예
마케팅 | 이상민·주영상
관리 | 양은진

발행처 | 비아에듀(ViaEdu Publisher)
출판등록 | 제313-2007-218호(2007년 11월 2일)
주소 | 서울시 마포구 연남동 월드컵북로6길 97(연남동 567-40) 2층
전화 | 02-334-6123 전자우편 | crm@viabook.kr
홈페이지 | viabook.kr

ⓒ 전국수학교사모임 개념연산팀, 2020
ISBN 979-11-89426-74-3 64410
ISBN 979-11-89426-64-4 (전12권)